你好，编程

Cool Coding

[英] 罗博·汉森 / 著
Rob Hansen

赵丽霞 / 译

U0190728

重庆大学出版社

目录

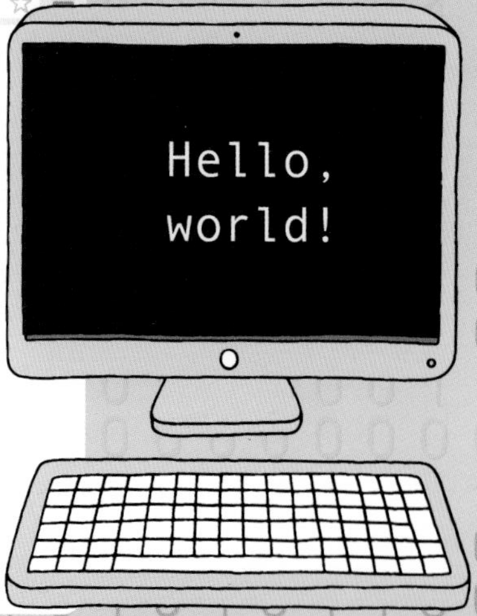

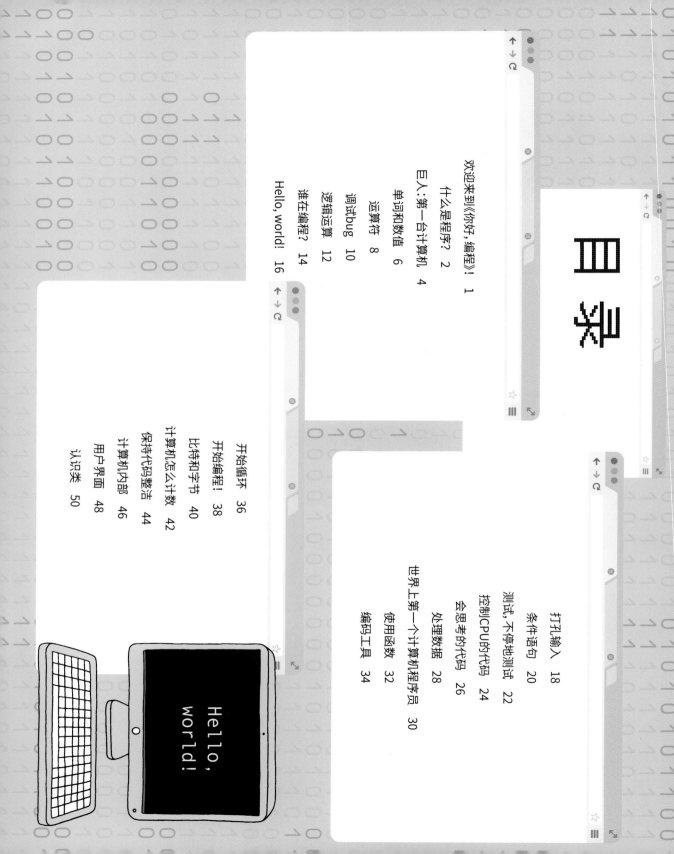

人人都应该学习编程，
因为它教会你如何思考。

——史蒂夫·乔布斯

欢迎来到《你好，编程》！

我是在一个废旧的防空洞里学会编程的。这个防空洞建于第二次世界大战期间，那时是我们学校的一部分。在我入学时，这个防空洞已经改成了计算机俱乐部。我和同学们都想在计算机上打游戏，所以我第一次尝到编程的滋味，是从计算机杂志上一行一行地复制代码。一开始我不知道复制的这个程序能干什么，不过后来我就开始尝试自己写代码。我很快就着了迷。

编程是需要逻辑的，就像拼图一样。不过这个拼图有许多种拼法，所以你永远不会拼不上。编程还需要创意，可以做出自己的游戏、工具和应用程序，跟朋友和家人分享。编程不需要很多装备，不会把东西搞得一团糟，下雨天能编程，睡觉前也能编程。无论是男孩还是女孩，无论是小孩子还是退休老人，全世界的人都能编程并相互分享。

我到今天还喜欢编程。现在，编程既是我的工作，也依然是我的爱好。我希望这本书能激发你对编程的兴趣。这本书不仅会教你编程的基本概念，还会告诉你一些有用的工具和技巧，比如计算机过去是什么样的，未来又将能干什么。

但愿这本书能激励你去尝试，去写自己的代码！

什么是程序？

一台不知道做什么的计算机，不过是一块昂贵的“砖头”。是程序让计算机能打游戏、做音乐和画图，是程序告诉计算机做什么。

听从指令

程序是一个由一系列指令构成的清单，就像把一堆塑料玩具积木组装成一座城堡需要经历的一系列步骤，它是一组让计算机去执行的命令。每个指令都是一个非常小的步骤，比如把两块积木拼在一起。不过等到整个程序执行完毕，就会完成非常棒的作品。

像指令清单一样，程序也得从上往下读。程序中的每一行就是一个语句，让计算机执行一个动作。计算机完成这个动作之后，会继续执行程序的下一行，直到最后一行执行完毕才会停下。计算机不会觉得无聊，也不会擅离职守，无论要花多长时间，它都会一直听从程序的指令（当然了，计算机执行指令可是相当快！）。

我们的第一个程序

计算机程序也叫代码，写计算机程序的人叫编码员或程序员。编程可以是份工作，不过有很多人写程序都是因为好玩，其中包括很多孩子！写完程序之后，就能让计算机去运行，也就是让计算机跟着指令去执行相应的动作。

我们现在来看一个程序：

```
print("I just started my first program!")
print("I just finished my first program!")
```

打印（*print*）指令让计算机把一行文本打印到屏幕上。在运行上面的代码时，计算机先执行第一行的指令，再执行第二行的指令。所以会先打印出：

I just started my first program!

然后打印出：

I just finished my first program!

这样，你就写出了你的第一个程序！

酷知识

你可以在jsfiddle官网（见第102页）上试试本书中大多数的代码示例，不过得把*print*命令改成*alert*命令才能运行。

开始行动！

就像全世界的人说着不同的语言一样，能编写计算机程序的编程语言也有很多种。一些语言比其他语言更适合某些类型的程序，一些语言比其他语言更复杂。不过无论是哪种语言，所有计算机语言的基本结构都是一样的。

本书将会告诉你关于编程你需要知道的一切，这样当你自己编程时，无论选择哪种编程语言，都能理解这些基本结构！

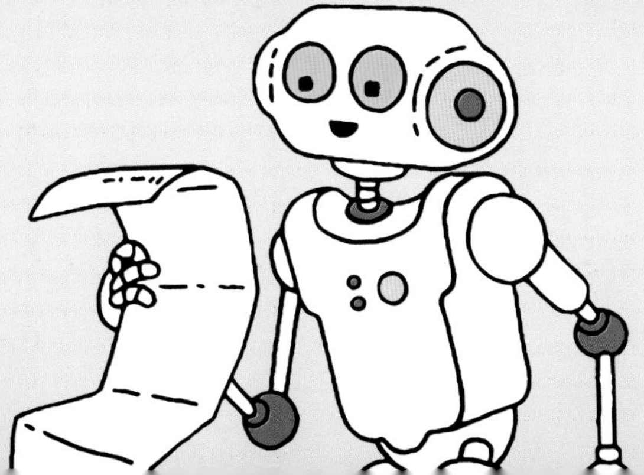

巨人：第一台计算机

今天，计算机已经无处不在。但直到 20 世纪 40 年代，“computer”这个英语单词还是指用计算来谋生的人，而不是指机器本身。计算是一项枯燥且容易出错的工作，所以工程师开始想办法建造机器，以代替人去做计算。

恩尼格码

第二次世界大战期间，交战双方部队都通过无线电来传递指令和战报。为了防止对方读懂这些指令和战报的内容，他们用编码来加密信息。英军在白金汉郡的布莱切利公园组织起一个团队，招募擅长数学、国际象棋和填字游戏的人来破译德军的代码，其中有男性也有女性。1941 年，在波兰解码专家和艾伦·图灵等设计的机械计算机的帮助下，他们已经可以读取由德军主要的密码编码机——恩尼格码加密的信息。

酷知识

巨人计算机属于高度机密，所以战后只保留了几台机器。其他机器，连同所有的记录，都被销毁了。每个知晓它们的人，都宣誓要保守秘密。所以很长一段时间以来，人们以为美国 1946 年制造的机器埃尼阿克才是第一台计算机。直到 20 世纪 70 年代中期，有关巨人计算机的信息才被公开。2007 年，一台能够工作的巨人马克二号复制品建成，收藏在位于布莱切利公园的英国国家计算机博物馆。

巨人

但德军最高司令部也有自己的编码系统洛伦兹。这种密码太过复杂，连图灵的机器都无法破译，英军需要想其他办法。在第二次世界大战之前，图灵就在构思一台能够解决任何数学问题的机器。而此时，汤米·弗劳尔斯和马克斯·纽曼刚好做出了这样的机器。它被命名为巨人，用电

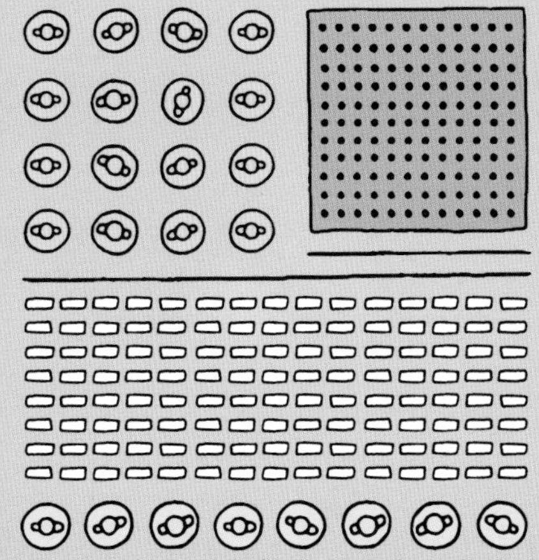

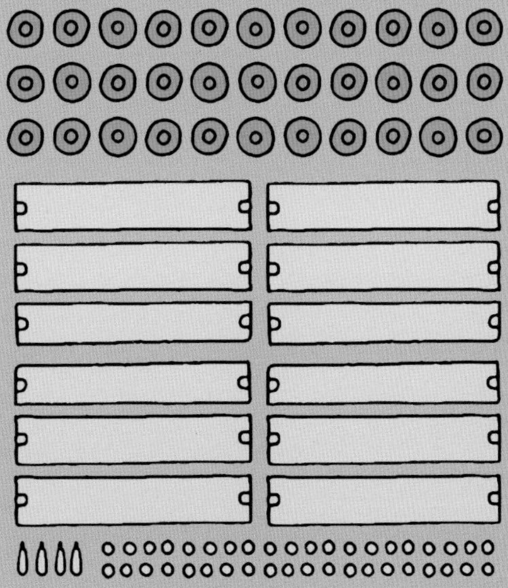

和真空管来计算。不同于此前的任何机器，巨人是电子的、可编程的，能够用来解决任何数学问题。这是第一台计算机！

巨人马克一号于 1943 年 12 月完工，能以 1000 字符 / 秒的速度从纸带上读取编码信息。马克二号于 1944 年 6 月完工，速度又快了 5 倍。有了这个新设备，布莱切利公园终

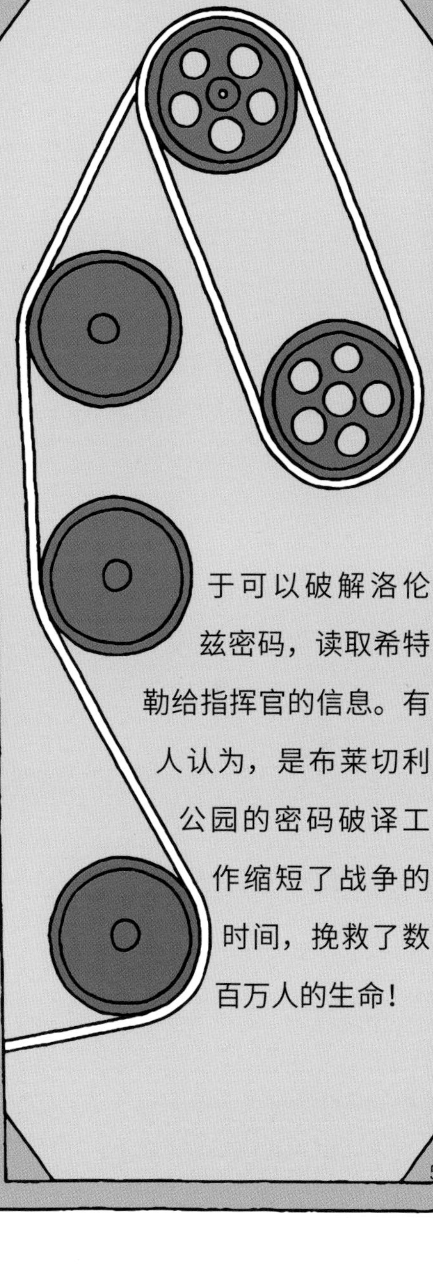

于可以破解洛伦兹密码，读取希特勒给指挥官的信息。有人认为，是布莱切利公园的密码破译工作缩短了战争的时间，挽救了数百万人的生命！

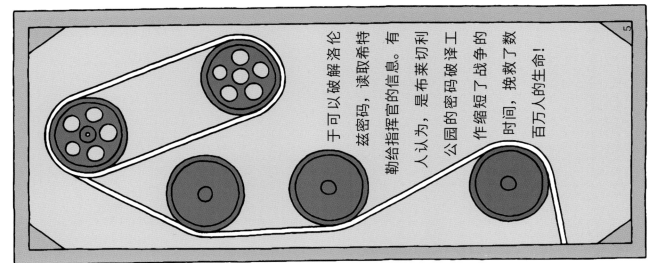

单词和数值

一个什么都记不住的计算机程序不会有多大用处，所以哪怕是最早的计算机也有记忆。计算机程序记住信息的方式，是把信息存储在变量里。

第一次定义或使用变量时，要给它起个名字。这样，你随后在程序中引用这个名字时，就能调取或改变变量的值。可以用“=”来设定变量值，等号左边是变量名，右边是你想赋给变量的值：

```
my_first_variable = 3
print(my_first_variable)
my_first_variable = 5
print(my_first_variable)
```

创建一个变量，给它赋值为“3”

将会打印出值“3”

把变量值改为“5”

现在将会打印出值“5”

WORLD

酷知识

你可以随便给变量起名，只要名字中没有空格就行。不过最好给你的变量起有意义的名字，这样你才不会忘记变量中存储的是什么！

当心！

整数和浮点数可以互相转换，不过从整数转为浮点数很安全，从浮点数转为整数却可能出现问题。把 4 转换为 4.0 没问题，但如果把 4.99 转换为整数，只会得到 4，因为计算机总是向下取整。如果你没想到这一点，得出的结果会让你大吃一惊！

3,276　0　-84　4.0　96.653　-15.15

数值类型

计算机将数值分成两类：整数和浮点数。整数是指没有小数位数的取整数，比如 5、7983、-6 和 0 都是整数。浮点数是指有小数位数的数，比如 1.29、-98.5 和 0.000 02。不是每种编程语言都在意整数和浮点数的区别，不过许多编程语言都会加以区分。如果需要区分的话，4 为整数，4.0 为浮点数。

单词

除了数值，你还可以在变量中存储单词，甚至句子！一个字母叫作一个字符，一个单词或一个句子叫作一个字符串（因为它是由一串字符组成的）。一个变量可以包含一个字符，也可以包含一整个字符串。你想让一个字符串有多长，就可以有多长。如果你愿意，还能把一整本书存储在一个变量里！无论什么时候，只要你想使用一个字符串，就必须用引号引起来，“like this”（就像这样）。

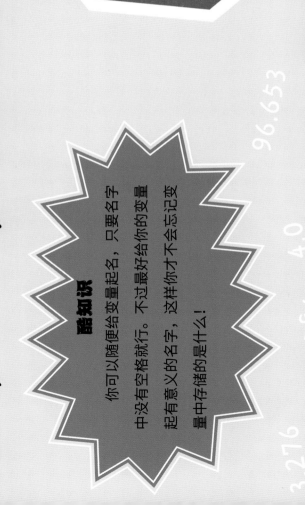

运算符

用变量来存储值当然不错，不过计算机真正的长处体现在改变或组合这些值。计算机就是为计算数值而发明的，它们非常擅长算数！

要运算变量，就要用到运算符。运算符其实只是一个花哨的编程术语，代表加减乘除和其他一些功能。加和减像平时一样写作“+”和“-”，不过乘写作“*”（而不是×），除写作“/”（而不是÷）。

在编程时，不但能把数字加起来存储到一个变量中，还可以直接让变量参与运算。等号右边任何能使用数字的地方，也都能使用变量：

```
variable1 = 2 + 5
variable2 = 11 - variable1
variable3 = variable1 * variable2
```

variable1 会等于 7

variable2 会等于 11-7=4

variable3 会等于 7×4=28

当心！

在整数相除时要非常小心，因为整数相除的结果也是整数。所以如果变量*var*是5.0（浮点数），*var*/2就会得到2.5；而如果*var*是5（整数），计算结果就是2，因为会向下取整，得到最接近的取整数。在整数相除时，最保险的做法是先转换为浮点数。

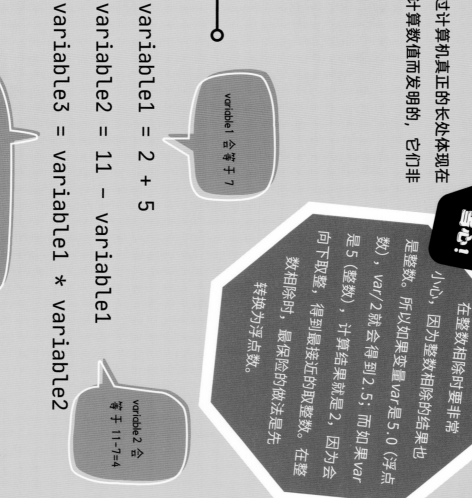

赋值运算符

可以将变量的运算结果赋值给自己。例如，从一个变量中减去2，可以写成*my_variable* = *my_variable* − 2。

这样的操作十分常见，用一组赋值运算符就能轻松实现：+=、−=、*=和/=。这些赋值运算符代表着“我想这样改变我的变量”。因此，变量*var*除以3可以写作*var*/=3。

给一个变量加1或减1有更短的写法：++和−−，这样可以节约更多时间。例如，变量*var*加1只需要写作*var*++。

酷知识

运算符主要用于包含数字的变量，不过许多编程语言允许把两个字符串“相加”来合并字符串，还允许使用 += 运算符在现有字符串变量后面加上更多文本。不过字符串不能减、除或乘，只有数字才能！

求余运算符

还有一个可以使用的运算符：%。它的用途是计算出两个数相除后的余数。不过这个运算符用得不多，所以别担心。

调试 bug

计算机很“蠢”。我不是说它们数学不好（实际上它们数学相当好），而是说它们只会不折不扣地执行任何指令，即便是那些没有道理的指令。

计算机程序中的错误被称为 bug（虫子）。据说，最早的计算机中有一台一直给出错误的答案，直到操作员把它拆开，才发现机器里有一只虫子，所以从此，计算机中出现的问题就被叫作虫子！今天的计算机里一般不会进虫子，如果出错，那是因为它们的程序有 bug。

一开始，你可能会因为自己的代码有 bug 而不开心。不过别担心，就连专业的程序员都要花很多时间在自己编写的代码中查找和修复 bug 呢！

处理错误

有些 bug，只要你尝试运行程序，计算机就会告诉你。比如把 /= 写成 ?= 这样的语法错误。计算机搞不懂这是什么意思，就会报错，告诉你哪个地方、什么东西出错了。就算你看不懂报错信息，只要看看出错的那行代码，通常就能立刻找到错误。

另一种 bug 是运行时出现错误。这种错误是指计算机能够理解你的语法，但碰到了一个它无法继续执行的指令，例如试图用一个数字除以 0。这时程序就会崩溃，并显示错误信息。

跟踪 bug

最糟糕的一种 bug，是程序还在运行，可操作却出人意料！这种情况下，你必须仔细检查自己的代码，找到它没能正常运行的原因。有个小技巧，用 *print()* 命令打印出一些重要变量在程序不同位置上的值。通过这种方式，能够追踪到这些变量不再等于预期值的位置。有种工具叫调试器，能够自动完成这样的操作，不过配置起来可能会有些难。

酷知识

有时你没法找到错在哪里。如果你没有人可以求助，最好的办法就是复制报错信息，并粘贴到搜索框里去搜索。这种方法总是能找到许多网页，给你解释报错信息是什么意思。专业的程序员在没办法时，也总是这么做！

逻辑运算

不仅大侦探夏洛克·福尔摩斯会思考逻辑，你的计算机也关心逻辑。

逻辑运算

逻辑运算有自己的变量类型。除了前面提到的数值和字符串，还可以使用布尔值进行运算。布尔值只有两个可能的值：True（真）或False（假）。布尔值是逻辑运算中最简单的变量类型之一。

有趣的是，把布尔值组合起来可以得到新的布尔值。布尔值不能加、减或除，但有其自己的运算符，被称为逻辑运算符：AND（逻辑与）、OR（逻辑或）和NOT（逻辑非）。

逻辑非运算（NOT三个字母都要大写）是最简单的：如果*b*等于NOT *a*，那么如果*a*为True，则*b*为False，反之亦然。如果组合的变量不止一个，就要用到AND和OR。如果*c*等于*a* OR *b*，则当*a*或*b*中的任一个为True（或两者都为True）时，则*c*为True。如果*c*等于*a* AND *b*，则只有当*a*和*b*都为True时，*c*才为True。

使用真值表会更容易理解。真值表表示所有可能输入的结果是True还是False：

NOT：*b* 等于 NOT *a*

a	b
True	False
False	True

OR：*c* 等于 *a* OR *b*

a	b	c
False	False	False
True	False	True
False	True	True
True	True	True

AND：*c* 等于 *a* AND *b*

a	b	c
False	False	False
True	False	False
False	True	False
True	True	True

代码中会使用运算符，而不是名称。NOT 用“!”表示，OR 用“||”表示，AND 用“&&”表示。

进行比较

除了直接设置布尔值，还可以通过比较来设置布尔值。比较是指通过对比两个值（或变量），检查某个条件为 True 还是 False。有一系列可用的比较运算符：

==	等于
!=	不等于
>	大于
<	小于
>=	大于等于
<=	小于等于

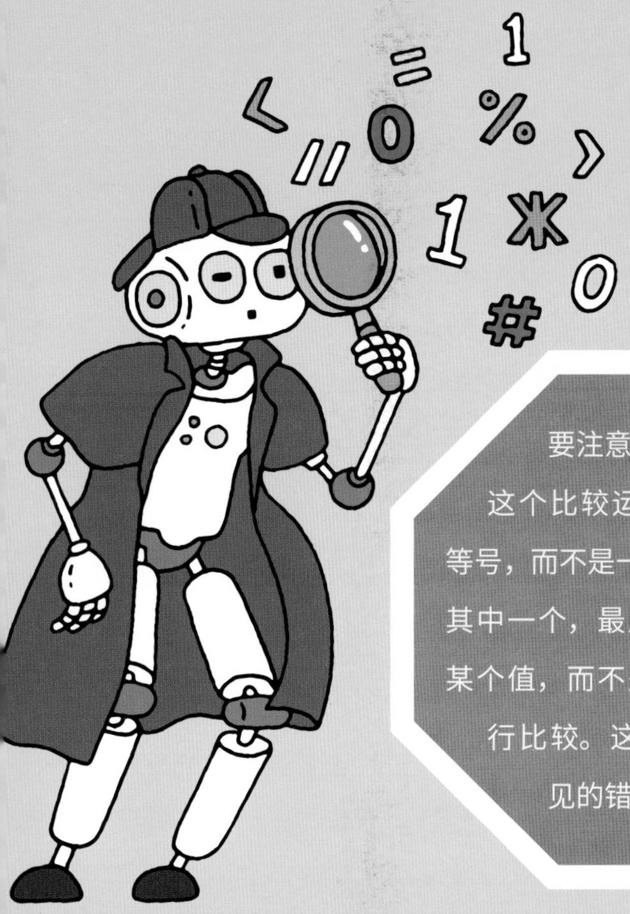


```
boolean1 = True
boolean2 = (5 < 3)
boolean3 = boolean1 &&
boolean2
print (boolean3)
>> False
```

5 不小于 3，所以 boolean 2 将为 False

True AND False 运算结果为 False

当心！

要注意，“等于”这个比较运算符中有两个等号，而不是一个。如果你忘记了其中一个，最后会将变量设置为某个值，而不是将它与其他值进行比较。这是编程时最常见的错误之一！

谁在编程？

当提及计算机程序员的时候，你首先想到的是什么人？成人，还是儿童？男性，还是女性？以编程为工作的人，还是以编程为爱好的人？实际上，任何人都能成为计算机程序员，你会发现任何年龄、任何性别、任何国籍和任何职业的人都在编程。

以编程为工作

许多人都以编程为全职工作，他们的岗位名称常常是“计算机程序员”或“软件工程师”。不过他们可不只会开发计算机游戏和智能手机应用程序，还会写各种程序来控制你的洗衣机、进行银行跨行转账等。你可能以为，要成为一个职业的计算机程序员，就得上大学，选“计算机科学”课程，这当然也是一种方式。然而，相当一部分全职程序员并没有在大学学过编程，他们许多都选了其他的课，常常是科学类课程，不过也不一定。还有许多程序员根本没上过大学，甚至为了编程而退学，或者是一开始从事其他工作，后来才转向程序开发领域。

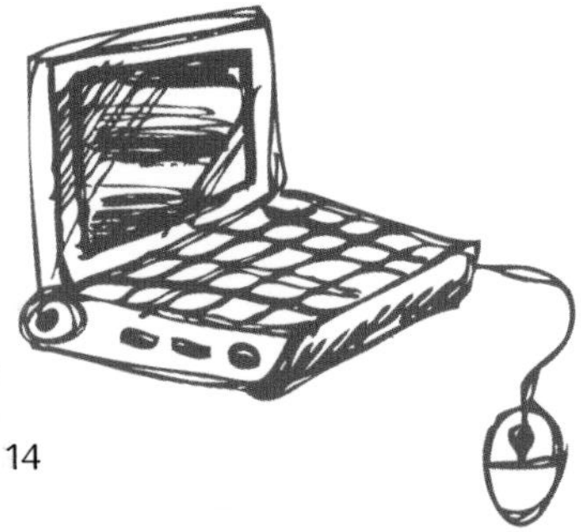

以编程为爱好

人们不只是在工作中编程。相比以编程来谋生的人，在闲暇时编程的人数多得多。他们编程是为了乐趣，为了学习，为了给亲友创建有用的网站，或者给他人开发好玩的游戏。有了互联网和智能手机，人们与世界分享自己的代码已经前所未有地便捷。

许多人开始学习编程都是出于爱好，但后来太喜欢了，就决定把编程作为兼职甚至全职工作。事实上，几乎每个职业程序员都差不多是用业余时间学会了大部分的编程技能。对人们来说，开发应用程序和网站既是兼职赚钱的好渠道，也是体验一下自己究竟有多享受把编程作为职业、而不仅是作为乐趣的好办法。

开始编程

学习编程也同样前所未有地便捷。市面上有许多不错的编程书（比如这一本！），不过你也能在网上找到学习编程所需要的一切。本书第 38 页和第 68 页能帮助你开始编程，第 102 页有更多编程工具的介绍，带你见识更多有趣的、复杂的项目。

Hello, world!

计算机程序无论多复杂，都必须有输入（控制它们的方法）和输出（从它们得到信息的方法）才有用。

写出来

程序与我们通信最简单的方式，是在屏幕上显示出文本。要实现这个目标，你就得用到在本书前面几个例子中的一种方法：*print* 语句。这种方法非常简单，能够说明很多关键概念。

语句是告诉计算机做什么的指令。*print* 语句告诉程序在屏幕上显示文本。你可以把自己想要显示的文本放在 *print* 语句后面的括号里，括号里的内容就被称为“参数”，用来告诉这个语句你到底想让它做什么。这样，你就能在屏幕上打印出你想写的任何内容：

酷知识

在编程领域有个传统，如果想用任何一门编程语言展示一个基本程序，最好的办法是让它在屏幕上打印出“Hello, world!”，你会在许多图书和教程中看到这句话！

```
print(“Hello, world!”)
```

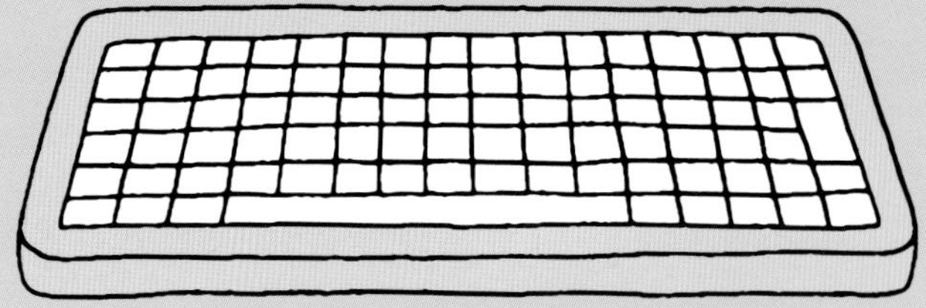

记住，你得在字符串前后加上引号。

当心！

即使你要求用户输入数字，他们还是会不小心输成其他格式。无论什么时候，只要让用户输入，就得想到他们可能出现的错误，并编写防范相应错误的代码，否则你的程序就会以一种非常奇怪的方式被终结！

读进去

就像让程序把文本写出来一样，你也可以让程序把文本读进去！至于一个程序怎样读取键盘输入的信息，不同语言有不同的方式，可以一次读一个字符（每次敲击按键），也可以在用户按下回车键之后再读取一整个字符串。读入之后，接着就能把这个输入存储在变量中。

如果你想让用户输入数字，还得再多一个步骤。你知道的，对于计算机来说，字符串“12”跟数字 12 不同，字符串“12”就像“大象”或“足球”一样，是个字符串，而不是计算机能够理解的数字。要将字符串转换为数字，需要用函数告诉程序去进行这样的转换，例如 *int("12")* 能把它转换为整数 12，*float("12")* 能把它转换为浮点数 12.0。

打孔输入

在今天这个触摸屏时代，你可能觉得用键盘来写程序好像很笨拙。可是在早期，计算机存储和输入程序的形式更不方便：打孔卡。

打孔卡是真正的实体卡片，通过在上面打孔来传递信息。计算机将光打到卡片上，用光传感器判断特定的位置是不是被打了孔，根据有没有打孔来将卡片转换为数字 1 和 0。

卡片和计算机

打孔卡的出现比计算机早。人们第一次使用打孔卡，得追溯到 19 世纪初，当时把图案打孔呈现在卡片上，再用机械织布机把图案织到布上。那时候还没有光传感器，只能用贴着卡片表面的机械传感器来读取。所以，这些卡片必须非常厚又非常硬，才能用这种方式来读取！ 19 世纪和 20 世纪初的机械计算机器就是用打孔卡来存储数据和程序的。第一台计算机“巨人”也是从打孔纸带上读取正在处理的信息。

用孔工作

20 世纪五六十年代，程序员得把想要运行的程序写在纸上，再用打孔机打到一堆卡片上。打孔机是一种像打字机一样的设备，能够在所有正确的地方打孔。打错一个孔，这张卡片就得扔掉。一个复杂的程序会用到成百上千张卡片，卡片的顺序也得绝对精确，谁要是碰掉一张卡片，他就倒霉了！

随着计算机越来越多，功能越来越强大，对打孔卡的需求也随之攀升。到 1967 年，仅美国每年用的打孔卡就突破了 20 亿张！但是随着更复杂程序的出现，需要的打孔卡越来越多，也越来越不切实际。到 20 世纪 70 年代，磁带这种新技术开始取代打孔卡，成为向计算机输入数据的方式。

在 U 盘和 Wi-Fi 时代，想想人们过去不得不依靠成堆的卡片将数据传送到计算机，实在让人惊讶！

条件语句

前面你已经学过了布尔值，计算机程序用布尔值来跟踪一个条件是真（True）还是假（False）。不过布尔值真正的作用体现在根据布尔值的结果来执行不同的操作，也就是条件语句。

if 语句和 else 语句

条件语句其实很简单。条件语句会告诉代码，如果（*if*）某个事件为真，就执行一个动作，否则（*else*）就执行另一个动作。要构建一个 *if* 语句，就把条件（即你设定的这个事件）写在“*if*”后的括号里。大多数编程语言都用大括号“{ ”和“ }”来定义如果条件为真的话需要执行的那个动作：

```
if(my_val==3)
{
print("you entered the number three!")
}
```

记住，== 是“等于”

if 语句可以单独使用，也可以和 *else* 语句配对使用。这时 *else* 语句后面不需要定义条件，因为这种语句意味着上面的条件为 False 的话，代码应该执行什么动作。同样地，你得把想要运行的那部分代码放在大括号里。使用这种括号，就可以在这些条件中写下很多行代码，再用括号括起来表示这部分代码执行完成。括号里的部分称为代码块。

else if 语句

除了*if*语句和*else*语句，还有第三种条件语句，即*else if*语句（在某些编程语言中写作*elif*）。*else if*语句是*if*语句的一种形式，只是当上面的条件为False时才会运行。像*if*语句一样，它也需要一个条件：

```
if(my_val==3)
{
print("you entered exactly three")
}
else if (my_val<3)
{
print("your number was less than three")
}
else
{
print("to get here, your number must be more
than three")
print("remember, you can have as much code as
you like inside a block!")
}
```

如果你愿意的话，可以一个接一个地使用多个 *else if* 语句。代码会按顺序执行这些条件句，就像瀑布一样“奔流而下”，直到找到一个为 True 的条件，此时它将运行该代码块中的代码。

酷知识

你可以在条件语句后的代码块中写任何代码，包括写更多的 *if* 语句！像这种一个 *if* 语句套一个 *if* 语句的做法称为“嵌套”。

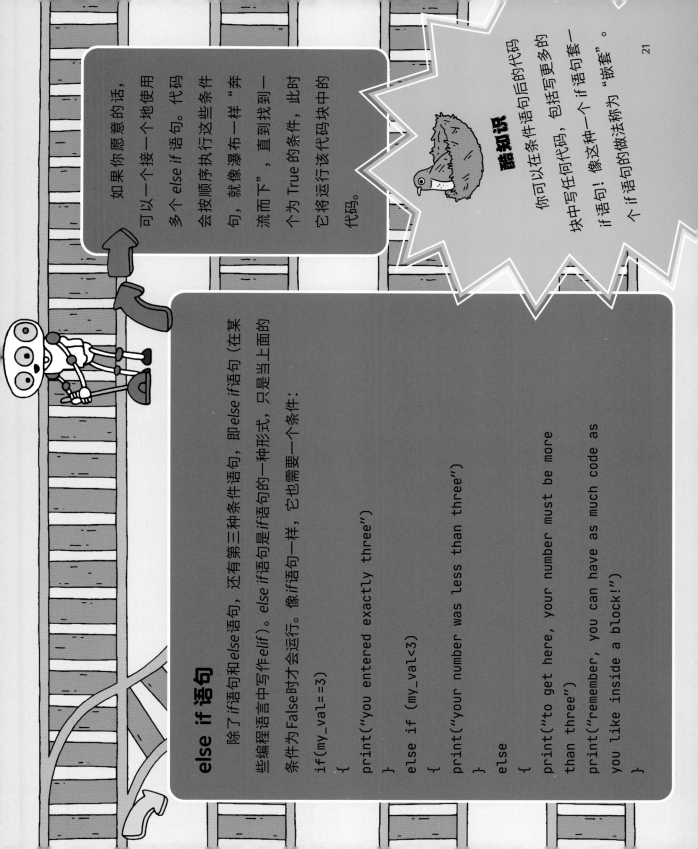

测试，不停地测试

在第 10 页，我们介绍了一些在编程时可能会出现的错误。为了保证程序听话地做你想让它做的事，就需要对它们进行测试。

这里有一些能够有效测试代码的技巧：

- **经常测试** 每当有小的改动，都要进行代码测试。代码的改动越小，就越容易找出并修复新的 bug。
- **试试搞破坏** 每当需要输入的时候，就有意地试试不正确的值。通常会诱发 bug 的值有非常长的字符串、空字符串和负数等。这些极端的输入被称为边界条件。
- **善用“撤销”功能** 如果你刚刚增加了一些代码就开始报错，通常比较简单的做法是用撤销功能返回到程序能够运行的状态，然后一行一行地检查，找出代码出错的位置。

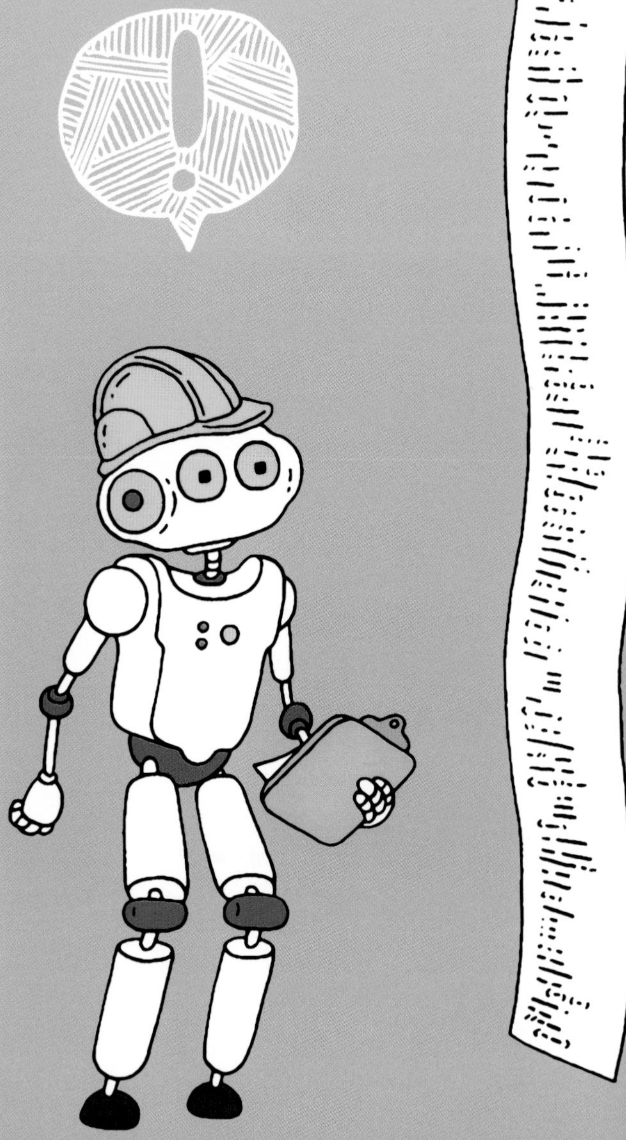

以测试代码为职业

你可能觉得专业人员写的代码不需要那么多测试，其实并不是。没有人能确保自己写的代码没有 bug。销售软件的公司希望自己的程序尽可能少出 bug，所以在软件开发领域有全职的软件测试工程师，他们不写代码，他们的时间都用来测试别人写的代码。如果发现 bug，他们就会提交一个测试报告，罗列出触发这个 bug 的方式以及这个 bug 会产生的影响。程序员们再根据他们的报告来找出并修复 bug。

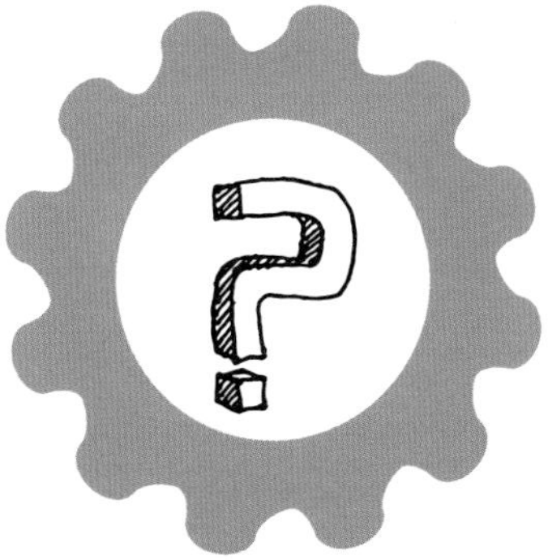

测试代码的代码

需要把同样的东西反复测试很多遍，确保程序不会因为代码改动而崩溃，测试代码非常耗时间，这项工作可能会很枯燥。所以，今天的代码测试正变得越来越自动化。

自动化测试的本质，是让代码自己进行测试。这就需要一些额外的代码，这些代码不属于程序的一部分，而是一种测试模块（test harness，harness 意为“马具”，形象地说明了测试模块要覆盖主代码）。测试模块会自动运行主程序，输入不同的值来检查输出。测试模块可以是测试整个程序的系统测试，也可以是测试代码的各个部分的单元测试。

与写程序相比，写自动化测试模块看起来像是在浪费时间。不过只要你有这种测试模块，就算代码不小心出 bug 了，也能第一时间发现。这样找到和修复 bug 就变得非常容易，从长远来看可是节约了时间！

控制CPU的代码

世界上有无数种不同的编程语言，但它们几乎都有一个共同点，即都是基于英文的。所以，哪怕你不懂某一种编程语言，通常也能看懂一些简单的代码，大致知道这些代码是在干什么。

机器码

不过，计算机可不懂英语。在运行程序时，计算机会先把编程语言翻译成机器码，也就是计算机的中央处理器（CPU）能懂的指令。机器码包含一组非常有限的指令，这些指令对应于 CPU 内部的硬件操作。

最早的计算机直接用机器码来编程，这种方法很难，程序员必须计算出每一行的精确数值，才能给 CPU 发出执行指令。更糟糕的是，每种计算机的 CPU 都有自己的机器码，所以一个程序要在另一种计算机上运行，就必须从头开始重新写代码。

下面是一些机器码的示例：

```
77
29 20 b3
61 9e
70
0c b7 f6
```

汇编语言

20 世纪 50 年代汇编语言诞生了，这让编程在某种程度上变得简单了些。汇编语言是一系列用英语（或差不多算是英语的语言）表述的简短指令，用这些简短指令代替原始代码，比如用 *mov* 表示移动，用 *jmp* 表示跳转，*用 add* 表示加。这种语言也包括类似变量名的部分，用于存放数据。汇编语言可以自动转换为 CPU 可以运行的机器码。

酷知识

在很长一段时间里，为了让程序既很小又很快，程序员还在使用汇编语言。不过其他编程语言也在发展，这些编程语言自动生成的机器语言，常常比人类写出的最好的汇编语言还要好。现在，只有在极少数情况下，人们直接写汇编语言才有意义。

下面是一些汇编代码的示例：

```
loop: add $t1,1
      bne $t1, $t2, end
      jmp loop
end:  nop
```

写汇编语言比写机器码要简单，不过还是很慢，而且每种 CPU 使用的汇编语言也依然不同。到了 20 世纪 70 年代，大多数程序员用的是更像英语的高级语言（起这个名字，是因为相比低级的汇编语言和机器码，这些语言比 CPU 的层级“高”得更多），这些高级语言随后也要转换为 CPU 能够执行的机器码。

会思考的代码

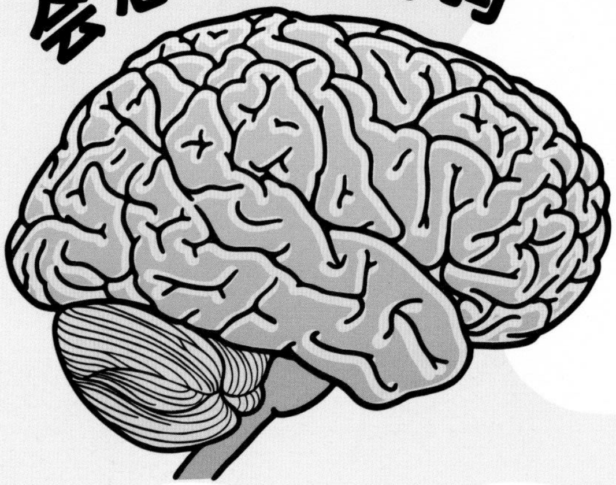

从计算机存在以来，人类就梦想它们能够自主思考。这样的计算机就叫作人工智能，简称 AI。

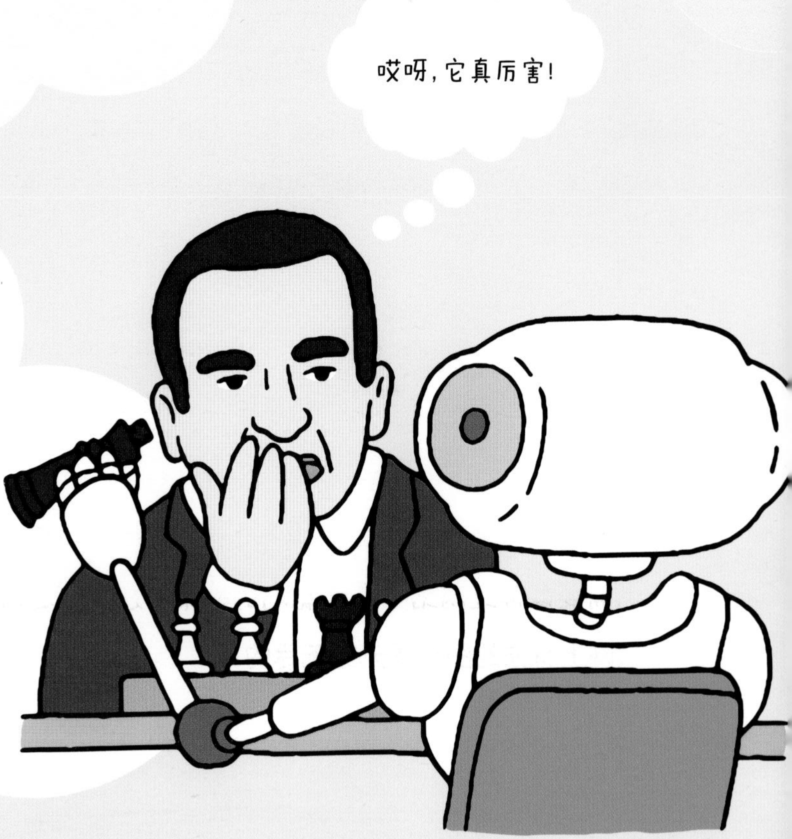

下国际象棋的计算机

相当长时间以来，西方文化中认为会下国际象棋代表绝顶聪明，这就是为什么电影电视里经常出现聪明人在下国际象棋。也正因为这样，早期的计算机科学家花费了大量时间教计算机下国际象棋。他们认为，如果计算机能下国际象棋，那就什么都能干。

结果发现，与学会人类觉得很小的一些事儿相比，比如从一张照片里认出一只猫，机器掌握国际象棋其实容易得多。1996 年，名叫“深蓝”的超级计算机打败了国际象棋世界冠军加里·卡斯帕罗夫，可是即使到今天，计算机认出猫的能力还是不如三岁小孩。

国际象棋之外

国际象棋程序是规则系统的一个例子。人类知道怎么下国际象棋，所以程序员可以写出一堆让程序去遵守的规则。不过，如果是我们觉得很难制定规则的事，比如找出一张图片里是不是有只猫，这种方法就行不通了。你自己做起来很容易，但你能准确地分解成怎么做的步骤吗？

近来，很多研究都在关注机器学习。我们给计算机提供了一个框架让它自主学习，然后又提供了大量的数据让它从中学习（例如给它看大量的图片，其中有些图片里有猫，有些没有）。在学习完所有数据之后，计算机就能自动地用这个框架形成解决这个特定问题的方式。因此，我们需要像神经网络一样更聪明的框架，还需要尽可能多的数据。好在互联网上有猫的图片是无穷无尽的！

真正会思考的代码

许多计算机科学家真正的梦想，就是发明一台真正智能的机器。早在1950年，艾伦·图灵就发明了“图灵测试”，以检验一台计算机是不是真的有智能。图灵测试是让一个人跟他看不见的“人”对话，如果这个人觉得对方是个人，但其实是台机器的话，就认为这台计算机是智能的。目前还没有一个计算机程序能通过图灵测试，不过程序员们正在努力写出能通过这个测验的程序。如果他们成功的话，你能想象会产生什么影响吗？毕竟，可以认为这样的程序算是拥有生命……

处理数据

我们已经认识了变量，知道能用变量来存储信息。但如果我们有许多数据，比如在一次考试中你班里每个同学的得分，该怎么存储呢？我们不需要创建许多个变量，而是使用一种能够存储许多不同的值的方式。

这种方式在一些编程语言中被称为数组，在另一些编程语言中被称为列表。如果变量像一个能放一个值的抽屉，一个数组就像一个抽屉柜，它的每个抽屉都能存储一个值。

创建数组

使用数组时，我们会用到另一种括号“[ ]”，这种括号叫作方括号。在创建数组时，我们用逗号把所有的数据（称为数组的元素）分隔开，放到方括号里。

```
my_first_array = [1, 3, 5]
```

创建一个包含3个元素的数组

数组中存储数据后，就可以读取或更改其中的每个元素。为了告诉程序你想要处理哪个元素，就需要给每个元素一个下标，就像图书的页码。这个下标代表从数组开头数起，我们想要的那个元素的序号。

当心！

计算机跟人不一样，往往从0开始计数。所以列表中的第一个元素下标是0，第二个是1，以此类推。这一点很容易忘记，所以如果不小心犯了这样的错误，也不需要太沮丧。

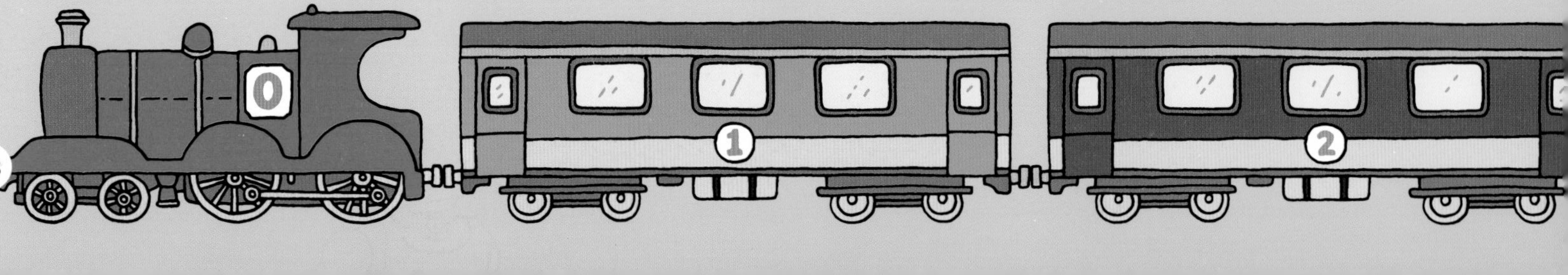

访问数据

要访问某个特定的元素，就得再次用到方括号，用方括号把这个元素的下标括起来。所以 x[0] 表示一个叫作 x 的数组中的第一个元素。如果只是 x 而不带方括号，就是指叫作 x 的整个数组。

```
my_second_array = [2, 5, 6, 8]
print(my_second_array[0])
>> 2
my_second_array[1] = 3
print(my_second_array)
>> [2, 3, 6, 8]
```

你可以对一个数组执行很多操作，比如看看数组中有多少个元素，重新排列这些元素的顺序，增加元素或删除元素等。如果去掉一个元素，它后面的所有元素都会前移一位，就像是在火车中部拿掉一节车厢一样。

这样只会打印第一个元素。要记住，数组下标是从 0 开始的！
我们改一下第二个值（也就是下标为 1 的那个值）
现在我们来打印整个数组

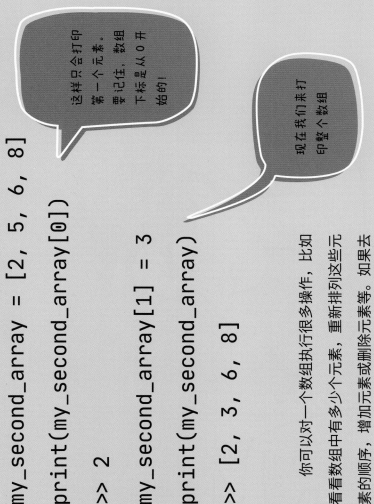

世界上第一个计算机程序员

我们来认识一下阿达。阿达·洛芙莱斯生于 1815 年，是世界上第一个计算机程序员。她是女性这一点已经足够震撼，因为在她生活的时代，人们认为女性不需要解决任何比绣花更复杂的问题。更让人震惊的是，她取得的成就比有人真正把计算机发明出来还要早一个世纪……

阿达的父亲是极负盛名却丑闻缠身的诗人拜伦。她的母亲教她学数学和科学是希望她不要走上父亲行为不端的老路，不过她爱上了这些学科。17 岁时，她遇到了一个将会改变她一生的男人：查尔斯·巴贝奇。

差分机

巴贝奇是一位工程师、天文学家和发明家。在当时，天文学家需要做很多算术，巴贝奇就想制造一台机器来替他做算术，一台永远不会累、也永远不会出错的机器。

不过那是19世纪20年代。当时没有计算机芯片，没有晶体管，甚至连电都没有。这些都没能阻止巴贝奇。他的机器只能用齿轮和其他机械装置来做，他给它起名为“差分机”。

巴贝奇在这个工程上投入了20年的时间和巨额的政府资金，但当时的技术条件不足以完成这样的挑战，他始终没能让这台机器运转起来。

当阿达遇到巴贝奇时，他告诉了阿达自己的一个新想法，他想建造一台叫作分析机的机器，这种机器更复杂，能完成各种计算。这是历史上第一次有人想到了计算机。阿达被这个想法所吸引，帮助巴贝奇研究这种机器怎样才能运转起来。就这样，她成为第一个设计出计算机程序的人。

酷知识

阿达从来没有见过真正的计算机，不过现代工程师用她的名字为一门编程语言命名（Ada）。

分析机

虽然分析机从来没能成功地被制造出来，不过这并不妨碍阿达想出来应该怎么使用它。当巴贝奇还在想怎么做简单的数学运算时，阿达就预见到计算机有一天会实现各种神奇的功能，甚至预见到计算机能作曲！

使用函数

到现在为止，你看到的程序示例中都只有一组按顺序执行的指令。然而，除了最简单的程序外，所有程序都得依赖函数。函数是从程序中其他位置调用的代码块。使用函数，我们就能把代码写在可以管理的程序块中，需要在不同的位置执行同样的动作时，就省得再去复制 / 粘贴代码了。

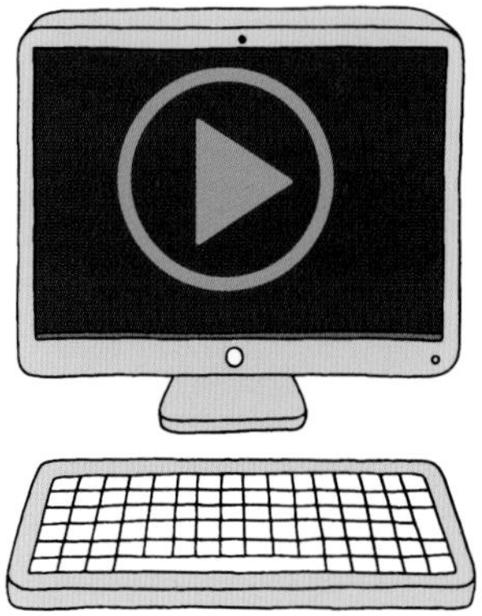

开始使用函数

函数的定义常常以一个关键字开头，不同编程语言中这个关键字都不一样，例如 *function*（函数的英文单词）或 *def*（定义的英文单词 define 的缩写）。函数的名字得是唯一的（像变量一样，函数的名字中也不能有空格）。在函数名后面是一对括号，括号中可以包括很多变量。这些变量就成为函数的参数，并能在函数中使用。最后还需加上大括号，用来定义代码块，这些代码块是函数运行的一部分。

可以在代码的任意位置调用函数。你只需要写下函数名，函数名后面跟上一对括号，括号里要包含与函数定义中相同数量的变量。你会注意到，这跟调用 *print* 语句看起来很像。这是因为 *print* 语句本身就是一个由编程语言定义的函数，这个函数的运行原理跟你能够定义的函数一模一样。

在参数或代码块中声明的变量，它们的作用域仅限于这个代码块，不会在代码块之外存在。也就是说，你不需要担心会重用变量名，只要你别在同一个代码块中重用变量名，就没有关系。

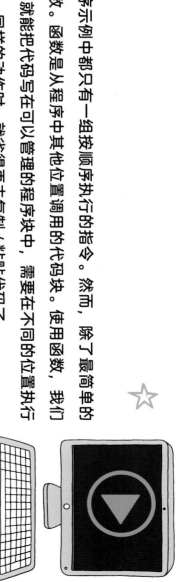

从函数返回值

代码块中可以包含任何你想要的代码，还可以包含一个新的、特殊的语句：返回。程序看到 *return* 语句，就会立刻跳出函数，跳转回调用它的那一行代码，而不会执行函数代码的其余部分。如果你只写个“*return*”，就会跳转回它所在的原位。如果你写下“*return*”，后面加上一个变量或一个值，就会返回那个值。如果代码运行到函数最后都没有遇到 *return* 语句，就不会返回任何值。

```
function calculate_square(my_var)
{
result = my_var*my_var
return result
}

var = calculate_square(3)
var = calculate_square(var)
print(var)
>> 81
```

定义一个只有一个参数的函数

返回“result”变量

调用函数，传入“3”作为参数

用上面的运算结果作为参数，再次调用

编码工具

说到底，程序代码不过是文本，所以任何你喜欢的文本编辑器都可以用来编程。不过，开发人员多年来已经开发出一系列工具，让编程更加简便。

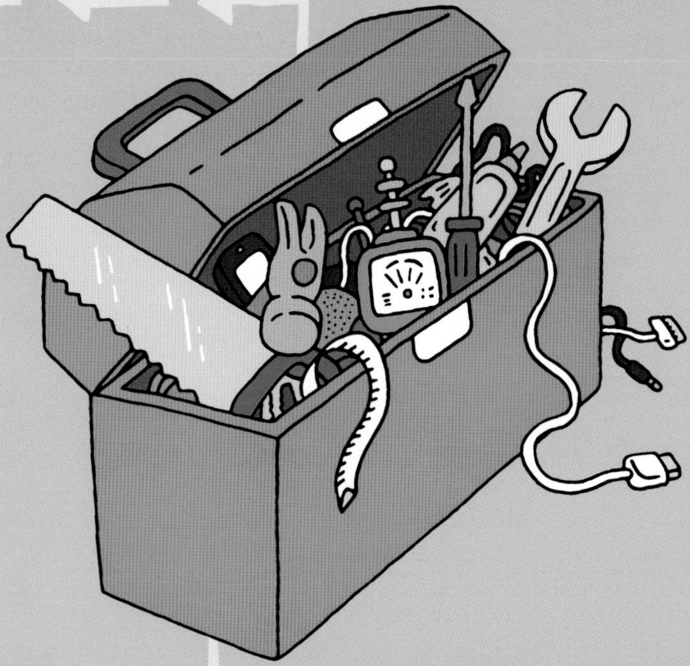

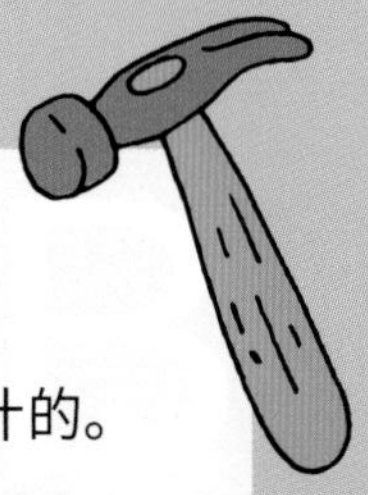

智能文本编辑器

有的文本编辑器，原本就是为写代码而设计的。它们都有个非常有用的功能，即能够通过改变文本颜色来区分变量、语句和其他需要区分的内容。这些文本编辑器也会突出显示字符串，这样当你忘记给一个字符串加后引号，导致这个字符串永无休止时，就能轻松地发现 bug。

文本编辑器得理解你使用的编程语言，才能实现这些功能。大多数编辑器能够支持许多种常见的编程语言。有的编辑器会根据你写的代码或文件扩展名（例如 .py 是 Python 文件）自动识别语言，有的会在菜单上设置选项来选择语言。

这些小小的功能看起来不起眼，在实际操作中却能让读写代码变得容易得多。只要试过这些功能，你就再也不能忍受无聊的黑白编辑器了！

集成开发环境

集成开发环境简称 IDE，看起来像个文本编辑器，不过功能强大得多。除了智能的彩色代码编辑器外，IDE 可以通过启动按钮直接创建和运行程序，通常还能在 IDE 中找到并使用所有的函数。IDE 中甚至还会嵌入一些更复杂的工具，比如 bug 调试器。

IDE 比文本编辑器要复杂得多，设置和使用也不像文本编辑器那么简单。IDE 同样需要根据使用的编程语言来进行配置，有的 IDE 只支持一种特定的编程语言。

几乎每个程序员都会使用某种智能文本编辑器，但并非都会使用 IDE。你可以先从文本编辑器开始，再试试 IDE，看看它到底有多有用。

在浏览器中编程

如今，互联网上有一些网站，能让你在浏览器中使用各种不同语言来直接编写、运行和实验代码。这种方式很棒，你不需要在计算机上安装任何东西，就能直接开始写一些简单的程序。

开始循环

计算机非常善于反反复复地做同一件事。如果想让程序重复完成同样的操作，可以把代码复制粘贴很多次，可是这样会占太多空间。

更好的办法是把代码块（要记住用大括号把代码块括起来）放到一个叫作“循环”的结构体中，就能运行许多次。

while 循环

最简单的循环是 *while* 循环。之所以叫这个名字，是因为当（*while*）特定条件为真时，循环就会继续，反复执行同样的代码。这种循环可以用来写那种会持续运行的代码，除非碰到某些触发条件才会停下。

```
print("Small numbers get
big fast when you double
them over and over")
x = 1
while (x≤1000000)
{
  x = x*2
  print(x)
}
print("Now x is over
1,000,000!")
```

继续循环，直到 x 大于 1000000

把 x 增加到原来的两倍

这一行在循环之外，所以等跳出循环后才会运行

for 循环

通常你想要的循环次数都是固定的，跳出循环之后就继续运行其他代码，这种循环叫作 *for* 循环。*for* 循环会设定循环次数，用下标来追踪程序循环的次数。不过要小心，就像数组一样，循环的下标也是从 0 开始，而不是从 1 开始！

for 循环运行的次数可以是个固定数字，就像左边的示例那样，也可以是个整数变量。不同编程语言的 *for* 循环写法不同，所以需要查查你用的语言是怎么写的。

```
print("Start the
countdown...")
for (i, 10)
{
  print(10 - i)
}
print("Blast off!")
```

代表下标为 i，循环次数为 10

i 是从 0 到 9，所以算数结果是从 10 到 1

酷知识

循环中也有几种代码可以改变程序的运行。*continue* 指令会让程序跳过剩下的代码，回到循环的开头进行下一次运行，*break* 指令会让程序直接终止循环。

开始编程！

我们已经学习了一些编程基础知识，是时候亲自试试了！你别担心代码怎么写，可以从 Scratch 或 Mind+ 开始入手。它们是非常简便的编程语言，可以把代码拖放到特定的位置，下面以 Scratch 为例。

登录 Scratch 官网，点击**“项目”—“新建项目”**。这样你就进入了代码区，可以拖拽左侧菜单中积木形成的代码块，跟其他积木一起组成一个程序。现在试试把几个积木组合起来，再给它们排个序。也可以把它们拆开，拖拽到屏幕左侧丢弃。左侧不同的菜单提供不同的代码块，看看都有哪些。

* 国内有许多 Scratch 的中文版软件和网站，它们的使用方法是一样的。

所有的程序都要从**事件**模块区的代码块开始。事件模块区的代码块上方有个突起，所以其他代码块都不可能放到它上面。先选一个上面有绿旗的代码块，拖拽其他代码块到它下面，点击右上角的绿旗按钮来运行程序。

发射

好了，我们开始编程吧！让我们创建一个程序，就像火箭发射的任务控制器一样，从 10 开始倒数到 1，然后给出“发射！”指令。为了帮你完成这个程序，这里有几个提示：

- 你得把同一件事（倒数）反复做很多次，所以需要一个循环（*loop*）。
- 你也需要一个变量（*variable*），跟踪你数到了哪个数。
- 你还需要打印出这个变量，每循环一次就相应减小一个数，这样才能实现倒数。

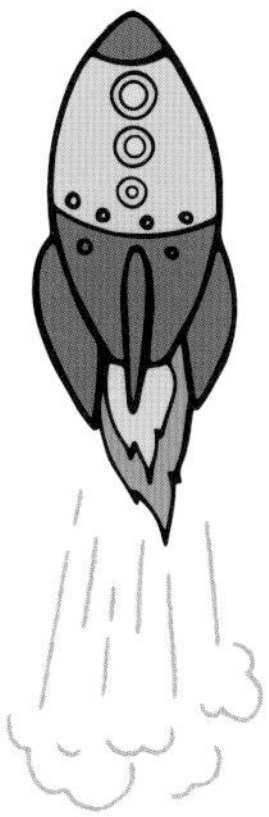

你可以看看第 37 页上的示例。不过因为我们用的是不同的编程语言，所以你不能完全复制那些代码！这也表明不同语言实现相同功能的方式会略有不同。如果你真的搞不定，再看看页面底部的答案。

如果你成功了，为什么不再试试倒数完之后，让字符真的发射到空中呢？

提示 你需要另一个循环，一个移动（*move*）指令和一个等待（*wait*）指令。

答案

- 创建一个程序来启动事件（有绿旗的那个）。
- 创建一个名为倒数（*countdown*）的变量。
- 把 *countdown* 设为 10。
- 启动一个重复 10 次的循环（用 *repeat* 指令）。
- 接着，在循环中：
- 把 *countdown* 变量设为 1 秒钟。
- *countdown* 的值每次 −1。
- 在循环结束之后，给出“发射！”指令并持续 2 秒
- 按下绿旗按钮！

比特和字节

如果你能用一个非常强大的显微镜来观察计算机的CPU，会发现它里面没有任何数字或字符，不过你会看到数百万个晶体管。你可以把晶体管理解成一扇门，而我们所下达的指令就是通过这一扇扇门来完成的。开门记为“1”，关门记为“0”。计算机中的一切，无论有多复杂，最终都是用1和0来表示的。

我们把每一个这样的值叫作一个比特（即“bit”，是二进制数字binary digit的缩写）。每个比特的值都可以设为1或0。比特相当于计算机的原子，从根本上讲，计算机中的一切都是由比特构成的。

比比特更多的信息怎么办

早期的计算机不会直接处理比特，而是把它们组织为每8个一组来处理，也就是一次能够读写的最小的比特数。这样一组8个比特就称为一个字节，能够存储一个字符（例如“a”或“+”）。

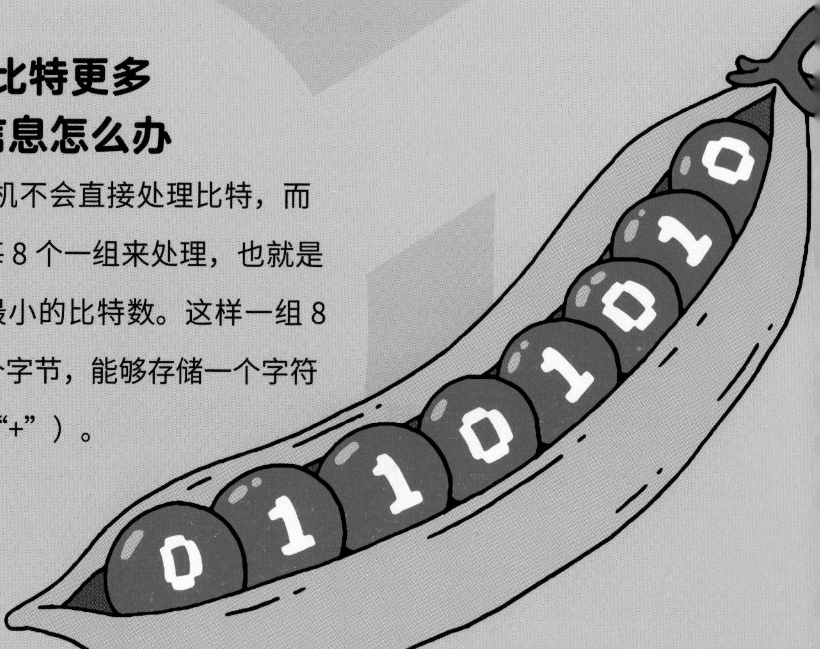

可是字节也只能存储非常有限的信息。今天我们需要更大的数字！一个千字节（kB）是指1000个字节，一个兆字节（MB）是指1 000 000个字节，一个吉字节（GB）是指1 000 000 000个字节。还有更大的前缀，“太”（tera-）表示12个0，“拍”（peta-）表示15个0，“艾”（exa-）表示18个0，不过至少在未来很长一段时间内，这些数字都专属于超级计算机！

数数发送了多少个比特

当我们谈到计算机之间发送了多少数据时，说的都是比特率，也就是每秒钟发送的比特数量。除了每秒多少字节，也可以算算每秒多少千字节、多少兆字节，等等。为了更加直观，程序员们将兆字节缩写为 MB（B 要大写），不过将兆比特缩写为 Mb（b 要小写）。

当心！

千（kilo-）的缩写是小写的 k，而兆（meta-）和吉（giga-）的缩写分别是大写的 M 和大写的 G，真让人想不通这是为什么。

当心！

奇怪的是，千字节有时是指1000个字节，有时却是指 1024 个字节，这样兆字节就是指 1024×1024 个字节，以此类推。这是因为，有时候用 2 的幂表示会更简便。这两个数非常接近，一般情况下我们不必担心用的是哪个。

比特………………… 1
字节………………8比特
千……………1000字节
兆…………1 000 000字节
吉……… 1 000 000 000字节
太……… 1 000 000 000 000字节
拍…… 1 000 000 000 000 000字节
艾…1 000 000 000 000 000 000字节

计算机怎么计数

我们人类计数用的是十进制，就是说我们有从 0 到 9 这 10 个数字，我们把这些数字组合在一起可以组成更大的数（比如 42）。十进制是指以 10 为基数。人类使用十进制，是因为我们最开始学数数时，是通过数自己的手指来计数。我们有 10 根手指，所以就用 10 做基数！

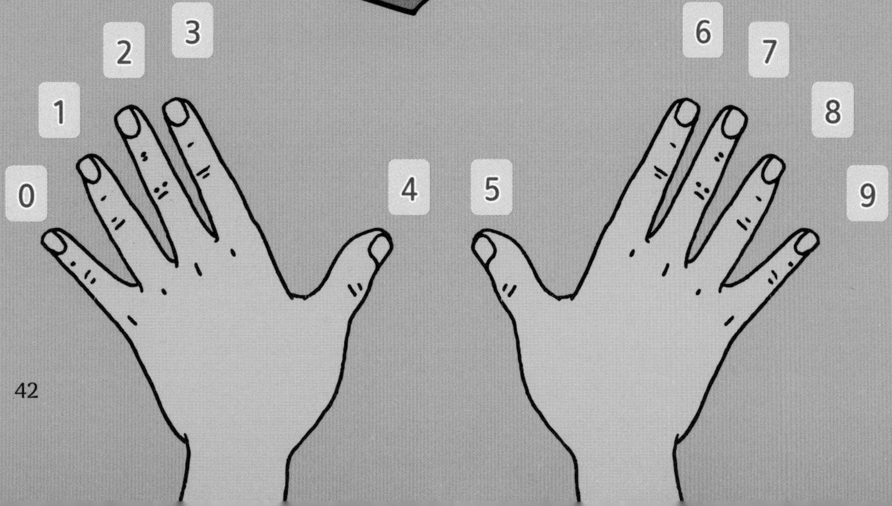

0 1

二进制

不过计算机可没有手指。我们已经知道，计算机其实看什么都是 0 和 1。也就是说，它们计数时只能用到两个数字：0 和 1。这种以 2 为基数计数的方式就是二进制。

在二进制中，“0” 和 “1” 可以组合产生更大的数。在十进制中，我们从 0 数到 9，然后就进一位到 10、11 和 12，二进制的原理也一样，只是进位快得多，1，然后 10，然后 11，然后 100，以此类推。这样可能会非常不方便，比如 86 用二进制表示就是 1010110。

酷知识

现在你明白了什么是二进制，就能听懂那个关于编程的老笑话：“世界上只有 10 种人，一种懂二进制，一种不懂。”

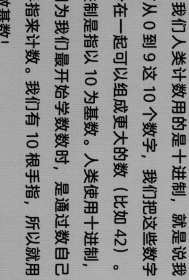

0 1 2 3 4 5 6 7 8 9 A B C D E F

十六进制

所以程序员们更常用的是第三种计数方式：十六进制，也就是以 16 为基数。这种计数方式很有用，因为 16 是 2 的幂次方，16=2×2×2×2，所以二进制和十六进制互相转换就很容易。在十六进制中，一个字节（也就是 8 比特，在二进制中由 8 位数表示）正好表示为两位十六进制数。

以 16 为基数是指十六进制中有 16 种数字。由于我们常用的数字没有那么多，十六进制就用字母来补充。在十六进制中，0 到 9 和十进制一样，然后是 A、B、C、D、E 和 F。十进制的 30 等于十六进制的 1E（1×16+14），这样只用两位的十六进制数字，你就能数到 255（用十六进制表示是 FF，用二进制表示是 11111111）。

你能把下面这些十六进制数转换为十进制数吗？

a.1C

b.31

c.A8

数字表

十进制	二进制	十六进制	十进制	二进制	十六进制	十进制	二进制	十六进制
1	1	1	7	111	7	13	1101	D
2	10	2	8	1000	8	14	1110	E
3	11	3	9	1001	9	15	1111	F
4	100	4	10	1010	A	16	10000	10
5	101	5	11	1011	B			
6	110	6	12	1100	C			

答案： a.28，b.49，c.168

保持代码整洁

通常，开始写程序时，在大脑中有个总体计划是很容易的。不过随着程序越写越长，如果你休息一下再回来接着写，可能就不记得自己为什么会用某种方式处理某些部分。保持代码整洁，代码用起来就会方便得多。这里有一些你能用到的技巧。

起个有帮助的名字

不要使用晦涩、简短的变量或函数名，要起直白的、描述性的名字。如果你有个变量用来存储一个人拥有的猫的数量，可以把它叫作*number_of_cats*（猫的数量），不要叫*c*或者*noc*。也不要在程序中用同一个变量再去存储完全不相关的值（比如再用*number_of_cats*去存储房间温度），一定要创建一个新变量，反正变量是免费的！

保持代码每一行都足够短

尽量让每一行代码都足够短，其才能在屏幕上完整地显示。这样你就不用来回拖动鼠标了，每一行都足够短，你也能很容易明白它的用途。

驼峰命名法和蛇形命名法

变量和函数名中不能有空格，不过程序员还是想到办法使用由多个单词组成的名字。

一种方法是把所有单词写在一起，从第二个单词开始首字母大写，比如*justLikeThis*。这种命名法称为驼峰命名法，因为这些大写字母让变量或函数名看起来有点像骆驼背上的驼峰。另一

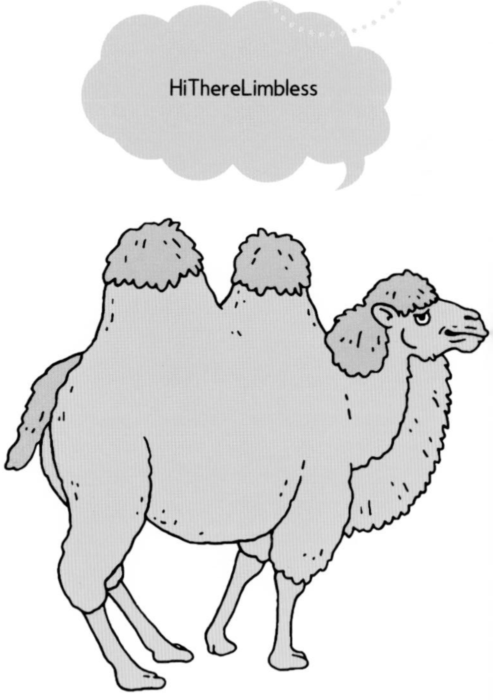

种方法是所有单词都小写，不过用下划线“_”来代替空格，比如*just_like_this*。这种命名法称为蛇形命名法，因为这样变量或函数名会显得又长又细，像蛇一样。

有的程序员喜欢驼峰命名法，有的程序员喜欢蛇形命名法，你喜欢哪个就用哪个。无论选择哪个，在一个程序中都要保持统一，否则看起来就会很乱。

// 注释

代码中还可以加注释。注释是一种信息，用来提醒自己或其他读代码的人一个函数的功能是什么，或者在某个特定的位置会有哪些操作。不同语言中注释的写法不同，不过一般都以“//”开头。在本书中，为了让注释更显眼，我们用气泡代替了传统的注释。所以典型的注释（以第16页为例）应该是：

```
print("Hello, world!") //
```

记住，你得在字符串前后加上引号。

你可能会过度使用注释，所以如果代码本身已经很清楚，就不需要写注释。有个很好的经验法则，就是只用注释来解释每个函数的功能，或者解释一段特别复杂的代码。

计算机内部

个人计算机、笔记本电脑、智能手机和平板电脑看起来可能不一样，但里面的核心部件都是一样的。

CPU

中央处理器（CPU）是计算机的大脑。计算机的 CPU 是运行程序、读取机器码、做所有计算和执行指令的部分。现代 CPU 是只有指甲盖那么大的硅芯片，不过这个小芯片里有几十亿个晶体管，每个晶体管都非常小，只有几十个原子那么大。因为里面装着这么多晶体管，所以 CPU 运行时会发热，就需要体积更大、功能更强、带有风扇的设备来给它降温。

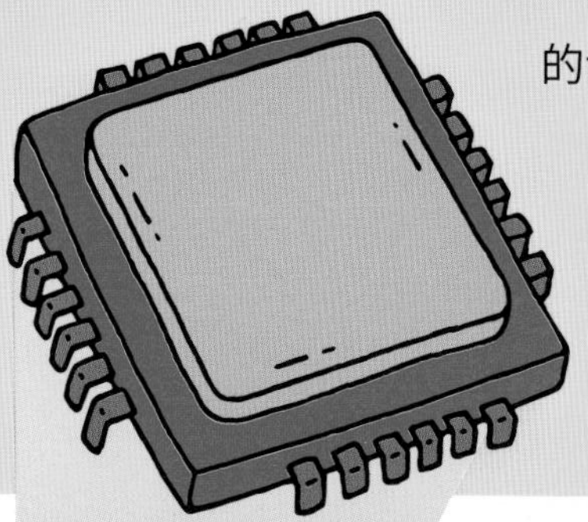

存储器

计算机的存储器用来存储数据，数据不仅包括程序本身，还有照片、电影、音乐和其他文件。存储不依赖电池或电源，所以关闭时计算机也不会忘记存储的数据。直到最近，计算机存储还大多采用硬盘驱动器，也就是用一堆金属盘片，以磁性的方式存储数据。现在，越来越多的系统（特别是小型系统，比如手机）开始使用固态存储，也就是把数据存在叫作“闪存”的计算机芯片里。

内存

计算机可以在存储器中存储很多东西，但读取这些内容却相当慢（与 CPU 的速度相比，的确慢）。为了加快速度，计算机有另一种快速存储器，称为内存或随机存取存储器（RAM）。计算机的 RAM 比存储器要快得多，当程序和其他文件被使用时就存储在那里。不过它比存储器要贵，所以计算机的内存空间比存储器空间要小。内存也不稳定，需要持续接通电源才能保持记忆，当你关上计算机，它就会忘掉内存里的一切。

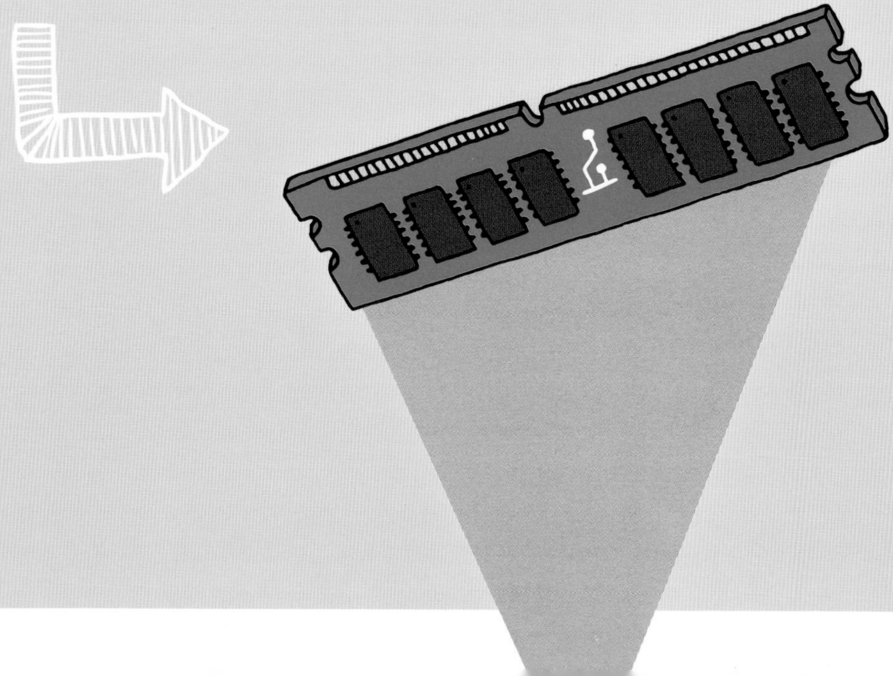

输入 / 输出

除了这些核心内部组件，计算机还有输入设备，如鼠标、键盘和触摸屏，这样我们才能跟它们通信；还有输出设备，如显示器和扬声器，让计算机能跟我们通信。由于这些设备通常不会直接内置到机器中，所以大多数计算机都有接口用于插接相应设备。连接到计算机的鼠标和扬声器等外部设备，称为外围设备。

用户界面

我们已经知道，能够通过几行文本来与程序进行交互，是最简单的方式之一。程序员把它叫作命令行界面，简称 CLI。可是大多数计算机用户都不会用 CLI。好在这里还有另一种方法。

用图形表示

另一种方式是图形用户界面，简称 GUI。GUI 可使程序向用户展示图片、菜单和其他元素，让他们能够用鼠标或触摸屏来进行交互。创建 GUI 需要的工作更多，所以在你掌握基本的编程技能之前，没必要考虑它，不过这种方式对用户十分友好。

要创建一个 GUI，就需要用到 GUI 框架。每种编程语言的框架都不同，每个框架都有不同的功能，但都是为了帮助程序员给程序创建 GUI。一些语言会内置 GUI 框架，从这些框架开始入手是最理想的方式之一，不过你也可以下载使用许多其他框架。

交互元素

所有的 GUI 框架都包含一些关键元素，你曾经用过的计算机程序中都会有这些元素：

文本框

向用户显示文本，或允许用户自己输入文本

按钮

用户可以点击，告诉程序应该做什么

下拉列表

是一个选项列表，用户可以从中选择

GUI 框架能够帮助我们用代码来定义按钮等元素，以及它们的位置、大小和其他属性。GUI 框架中通常包括 GUI 设计器，帮助你直观地绘制自己的 GUI，还能给你生成部分代码。虽然最好从用代码创建几个按钮、理解它们的工作原理学起，不过使用 GUI 设计器确实会快得多。

酷知识

按钮等元素的工作原理，是使用一个叫作回调（*callback*）的特殊类型的函数。*callback* 本身只是一个普通函数，但它的函数名能够传递给另一个函数，当满足某个条件时，该函数就会回调它。因此，你按下按钮时运行的是 *callback* 函数。

复选框

是一些选项，每个选项都可以勾选或不勾选

单选按钮

类似于多选框，不过只能从中选择一个选项

标签

用于描述其他元素的功能

滚动条

让用户能够在屏幕不能显示所有内容时滚动页面

认识类

到目前为止，我们看到的所有编程都是使用独立变量和函数的、面向过程的编程的示例。不过，从 20 世纪 70 年代开始，另一种编程风格越来越流行，即围绕类的、面向对象的编程。

开始使用类

类是把函数和变量存储在它们天然应该属于的对象中，而不是分散在各处。例如，如果你想写一个关于狗的程序，可以创建一个叫作“狗”的类 *dog()*。然后，你创建的任何与狗有关的变量或函数都是 *dog()* 类的一部分。

类就像函数一样，需要先定义才能使用。类的定义需要用到函数那样的大括号，然后把函数和变量都放在这个块里，表明它们属于这个类。在某些语言中，类中的函数称为方法。

使用类不仅可以更好地、更有逻辑地组织变量和函数，还意味着每当你想在程序中提到狗时，只需要

进行 *dog()* 类的实例化。实例化是指把这个类赋给一个变量，就像把一个字符串或一个整数赋给变量一样。然后就可以用点运算符“.”访问类中的任何函数或变量。函数也可以通过引用 *this* 或 *self*（取决于语言）来访问内部变量。

```
class dog()
{
name = "unknown"
function speak()
{
print("Woof! My name is "+this.name)
}
}
my_dog = dog()
my_dog.name = "Rex"
my_dog.speak()
```

定义 dog() 类

这个变量是 dog() 类的一部分

这个函数是 dog() 类的一部分

使用内部变量“name”

实例化一个“dog()”类型的变量

为 my_dog 定义“name”变量

将会打印“Woof! My name is Rex”

构造器

上面的示例中有一个问题，你必须在调用 *speak()* 前设置 *name* 变量，否则无法得到合理的结果。这种情况很常见，类中的某些变量需要先设置才能使用。面向对象的编程用构造器来解决这个问题。构造器是类中的一种特殊函数，在实例化时总是会调用(例如，把它赋给一个变量)。在上面的示例中，人们可以改变类的定义，在其中加入一个构造器，用于设置 *name* 变量。由此，你就可以这样写代码：

another_dog.name 将会自动赋值

```
another_dog = dog("Spot")
another_dog.speak()
```

将会打印“Woof！My name is Spot”

继承

我们刚刚看到，在存储和复用与某个东西有关的函数和变量时，类是一种很好的方式。不过更棒的是，类还有一个特征，能把你重写代码的需要降到最低，同时还能保持原有的逻辑，这个特征就是继承。

认识子类

继承或子类型化是指定义继承父类（超类）的新的子类。这些子类会保留父类所有的函数和变量，不过也可以有自己特定的变量和函数。

例如，如果你定义了一个狗 *dog()* 类，就能为特定品种的狗定义子类。所有狗都有的共同特征要归入父类 *dog()*，各个品种的独特之处就要归入每个子类。每个子类都是某个有自己特征（颜色等）的品种的狗，同时也拥有父类的全部属性，这些属性所有品种的狗都有（有四条腿等）。

```
class husky() inherits from dog()
{
 function howl()
 {
   print("Awoo!")
 }
}

my_dog = husky()
my_dog.howl()
my_dog.name = "Blue"
```

> 每种语言中表示继承的语法都不相同

> 实例化一个“husky()”类型的变量

> 能够访问子类中定义的变量和函数

> 能够访问父类中的变量和函数

多态性

这种方法不仅能够避免在子类中复制代码，还能让你灵活地使用函数。无论什么时候，如果你的函数需要一个类来作为它的参数，就可以用这个父类的一个子类来代替。这是因为（以上面的示例为例）属于哈士奇 *husky()* 类就一定属于狗 *dog()* 类。这就叫多态性。

根据定义，子类继承了父类的所有变量和函数。子类也能通过覆盖改变父类的行为。只需要在子类中定义一个与父类签名（名称和参数）相同的函数，子类中定义的版本就会覆盖父类中的版本。这样，无论什么时候调用这个函数，都会使用子类中定义的版本，而不是父类中的版本。

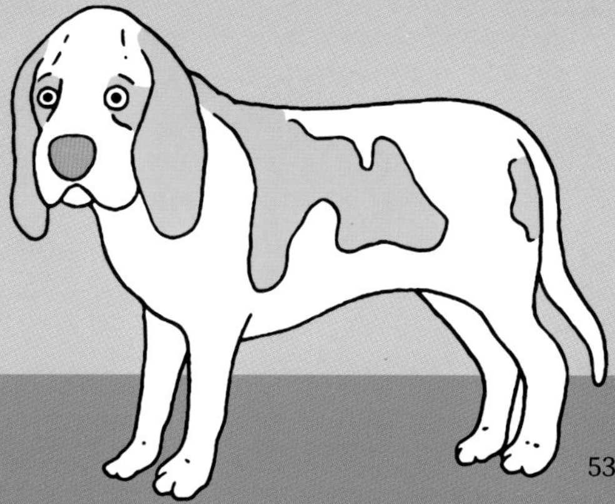

团结协作

虽然你可能是为了学编程或为了自娱自乐而写程序，但要做到最好，就得跟他人分享你的程序。

简单地说，如果是简单明了的程序，可以先完成开发再让其他人测试。但如果是大型的、复杂的程序，最好在开发阶段就与他人分享，别人给你的反馈可能是无价的。

内测与公测

如果你写了一个程序，其中某些功能已经能够运行，但在全部完成之前，最好跟朋友和家人分享，这样他们就可以告诉你他们的意见了。在软件编程中，这叫内测版（alpha 版）。

问问他们喜欢哪些部分，哪里还需要改进。这时候征求他们的意见，你会发现自己确实想完善程序的某些功能。现在改，总比全部完成之后再改要好！

当你觉得程序已经完成，但必须确保消除所有的问题时，就可以发布公测版（beta 版）了。这时候也可以跟朋友和家人分享，不过得让他们有意识地仔细找找看有没有办法让程序崩溃。这种破坏—修复的循环就叫 beta 测试（帮你进行测试的人就是 beta 测试员）。

beta 测试的目的，是确保程序精确地按照你的预期工作，并且用户在使用时不会遇到任何问题。

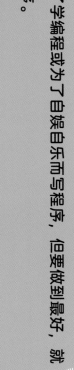

版本控制

版本号可以用来追踪你发布的不同版本，版本越新，数字越大。传统的做法是，程序正式发布前（内测版和公测版）的版本编号为 0.x，也就是 0.1、0.14、0.2 等。每发布一个新版本，一般小数点后的数字就加 1。

程序正式发布的第一个版本一般称为 1.0 版，“1”就代表完成开发、可以发布。如果在 1.0 版发布之后继续更新版本，例如增加功能或修复问题，那么同样是小数点后的数字加 1，即 1.1、1.16、1.7 等。如果你进行了重大更新，就可以把新版本叫作 2.0 版，表示它是程序的一个全新版本。

代码之外

除了写代码，编程过程中还有很多事要做。你懂的，就算你写出了世界上最棒的程序，如果没人知道怎么使用它，还是没有意义。这时就需要用到说明文档和技术支持。

说明文档

说明文档是指解释怎么使用你的程序的文字和图片，有时还包括视频。从前，程序会装在一个大纸盒里，因为除了程序本身（刻在CD或软盘上），还需要一本包含所有使用说明的厚重手册。

不过现在，说明文档更多的是发布在互联网上。理想情况下，你应该通过说明文档告诉别人怎么安装你的程序，以及它的所有功能。写说明文档会很花时间，通常也没有写程序那么有趣，但如果打算让没办法当面问你问题的人也能使用你的程序，写说明文档就十分重要。你还会发现，写说明文档有助于你完善自己的程序，如果你发现自己很难解释某些操作，可能你的程序就需要改进……

关于怎样使用程序的文档，通常最好是放在程序里。有的程序还附带教程，指导用户一步步完成特定的任务，用这种方式来让他们了解所有的基本功能。还有很多程序有帮助界面，当用户按下“?”按钮时说明文档就会弹出来，给他们介绍程序的这部分功能。

如果发现人们总是问你关于程序的同样的问题，就可以提供常见问题（FAQ）的回答。这种文档页以一问一答的形式呈现，以便人们找到自己可能遇到的常见问题的答案。

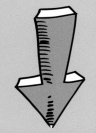

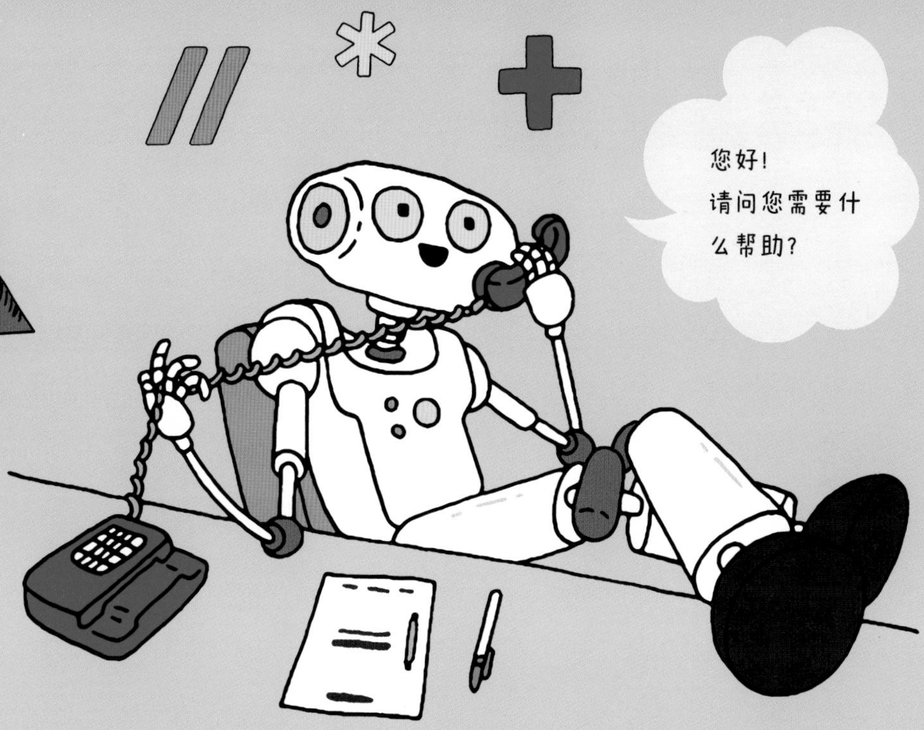

技术支持

专业的软件公司有专业的技术支持人员，他们的工作是帮助用户搞清楚程序怎么用，并且用得尽可能地好。这也是软件公司赚钱的一种方式，它们卖出了程序之后，还可以通过提供技术支持来获得收入。购买了软件的公司往往会付钱购买技术支持，以便最有效地使用买到的程序，以及解决它们使用程序时遇到的问题。

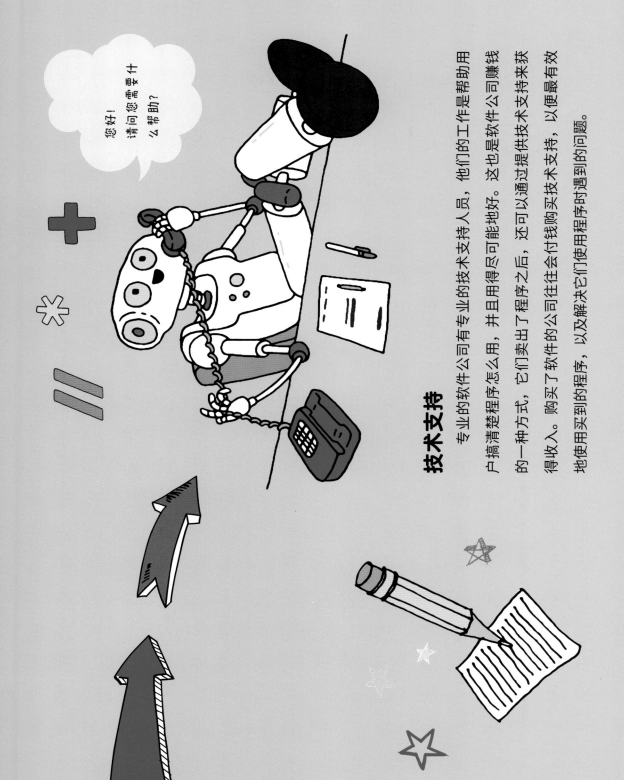

不同语言类型

到现在为止，我们已经顺带提到了很多种不同的编程语言。就像人类的语言一样，它们都能表达相同的内容，但表达方式可能截然不同。有些编程语言比较相似，就像西班牙语和意大利语，而有的编程语言则有本质区别，正如英语和汉语。

静态类型与动态类型

不同语言之间的一个根本区别，在于它们怎样处理类型。类型是指一个变量的内容，例如整数、字符串、用户定义的类等。有的语言使用静态类型，也就是说一个变量中的类型必须始终保持一致，通常在创建变量时进行定义。而有的语言使用动态类型，任何变量在任何时间都可以包含任何类型，在整个程序中可以随时更改。

总的来说，动态类型语言更快、更灵活，因为你不需要告诉程序你打算使用什么变量，也不需要担心在一个变量中使用错误的类型。因为不需要进行类型声明，用这种语言完成的代码也会更简明。

静态类型语言的显著优势在于系统总是知道所有的变量都是什么类型，只要开始运行程序，就能识别任何与类型相关的错误（如想把一个字符串和一个数字相加）。而动态类型语言只有在运行到程序的相应部分时，才会报错。

语言差异

一般来说，人们认为使用动态类型等技巧的，简明、灵活的语言，比更慢、更静态的语言更高级，也就是说它们离计算机实际运行的机器码更远。随着时间的推移，越来越多的程序员开始使用高级语言，用更少的代码和更少的时间完成更多的工作。

不过不妨多尝试各种编程语言，不同的语言适合不同的任务。通过学习新语言，你也将掌握能够用到所有编程工作中的新技能。

酷知识

有时，动态类型语言需要检查特定变量是不是所需的类型。与其检查类型本身，不如检查你想要对它进行的操作（例如与另一个数字相加）是否有效。这种做法称为鸭子类型，源自这样一种说法……

“如果走路像鸭子，叫声像鸭子，
那它一定是只鸭子。”

用代码画图

老式计算机只能在屏幕上显示文本，今天的计算机却能制作出令人惊叹的图形。如今世界上几乎所有的动画电影和电视节目，无论是二维（2D）还是三维（3D），基本上都是用计算机制作的。

如果你想在程序中生成图形，就需要一个图形库。有些语言有内置库，你也可以为每种语言下载很多其他库。如果有内置库，通常是最好的上手方式之一。这些库可能不是最强大或最专业的，但一般使用起来会很简单，网上也会有很多帮助。

二维图形库

你可以用二维图形库画出形状（不仅是三角形、圆形和矩形，还包括复杂的形状），并选择颜色和轮廓。

还允许添加从互联网上下载的文本和图片。

要让图形动起来，程序需要绘制大量的动画帧，速度要快到人眼无法分辨各个图形。图形库应该会有这些功能，比手工编码每一帧容易得多。

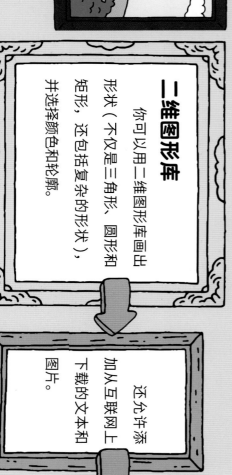

三维图形库

有的图形库只能制作二维图形，有的图形库不仅可以制作三维图形，还能根据对象创建场景。

制作三维图形可能会相当复杂，可以先试试二维图形。游戏引擎通常包含一些最容易上手的三维图形引擎。

对象可以是基本的立方体或圆锥体，也可以是图形库提供的，或从网上下载的更复杂对象的模型。然后，对这些对象进行纹理处理并选择颜色，系统会根据虚拟照相机呈现的透视角度把它们渲染成二维图像。

酷知识

除了基本的圆锥体、球体和矩形外，许多三维图形库还包括……茶壶！这是因为三维图形的一位先驱当初需要一个模型进行测试，他们当时正在喝茶，所以仔细测量了茶壶的尺寸并制作成模型，然后发布在网上与他人分享。动画师把茶壶藏在三维电影的背景中，这便成了一个业内人才懂的笑话！

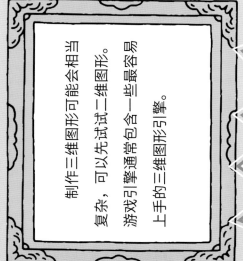

想去哪里？

我们已经探索了各种编程概念，包括循环、条件和函数，不过还有一个基本的概念没有涉及，就是无条件跳转（*goto*）语句。

跳转还是不跳转？

goto 语句由两部分组成，一部分是在代码中的标签，另一部分是告诉代码“跳转”到那个标签的 *goto*。当代码遇到 *goto* 时，就会跳转到那个标签，再从那个标签开始继续运行。

```
[lbl] my_label
print("I will say this forever!")
goto my_label
```

定义一个标签

现在跳回到那个标签

不过要小心，会有一些很好的理由，说服你永远不要使用 *goto* 语句。问题在于，在代码中加个 *goto* 很容易，但跳转越多，就越难理清楚程序是怎样跟着代码运行的。过不了多久，你的程序就会变成一团乱糟糟的“面条代码”，调试起来也会难上加难。

所以，虽然几乎所有编程语言中都有 *goto* 语句，但从 20 世纪 60 年代以来，程序员们一直避免使用它。在编程时，这种可以使用但不应该使用的功能被称为不推荐功能，也就是说处理相关的问题已经有了更好的方法，比如在这个例子中就可以使用函数和循环。

臭臭的代码

除了面条代码，其他一些做法也会使代码既难读又难调试。其中包括：

- 大量复制 / 粘贴非常相似的代码
- 长达数屏的函数
- 非常长的代码行
- 有许多参数的函数

程序员们把这些问题称为“臭味道”，表示代码也许能运行，但很难改，改的时候会不小心破坏某些功能，并且一旦破坏就很难修复。

如果你的代码中存在上面问题中的一个，甚至更多，不用担心，毕竟改来改去的程序都会出现这些问题。解决的办法是重构，就像是对代码进行大扫除一样。这个改代码的过程不是为了增加新的功能，而是让原有的功能更加便于管理。重构通常包括：将重复的代码转换为可以从多个地方调用的单个函数，将过长的行和函数拆分为单独的块，用函数和循环替换 *goto* 语句等。

发展历程

UNIVAC I（1951 年）

有史以来售出的第一台计算机叫 UNIVAC I 通用自动计算机，它的重量是一头成年非洲象的两倍，运行时所需的电力相当于 250 个英国家庭的用电量。以现代货币计算，它的成本超过 2500 万英镑。虽然体积庞大、价格昂贵，UNIVAC I 还是卖出了 46 台，从预测选举结果到模拟原子弹爆炸，这台计算机的用途颇为广泛。

PDP-8（1965 年）

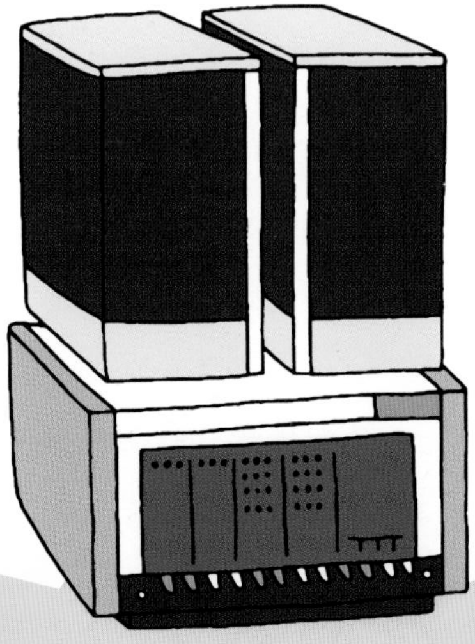

PDP-8 是第一款成功的“迷你电脑”。这里的“迷你”是相对的：相对于体积庞大的 UNIVAC 来说，衣柜大小的 PDP-8 确实很“迷你”，售价也“仅”18 500 美元（约相当于今天的 10 万英镑）。尽管 PDP-8 设计得尽可能便宜和简单，但技术的进步也让它的运行速度比 UNIVAC 快了50倍。PDP-8取得了巨大的成功，售出了超过300 000台。

IBM 5150（1981年）

自20世纪60年代初以来，几乎每一家计算机公司都在试图开发一台可以放在桌子上的“个人计算机”（PC机），但它们都太大、太复杂或太昂贵了。直到1981年，IBM发布了5150，PC机革命才真正到来。5150上市最低价格是1500美元（大约相当于现在的3000英镑），但受到了企业的欢迎。1982年，IBM平均每分钟就能卖出一台5150计算机。随着性能的提高和价格的下降，家庭用户也开始购买。到1984年，IBM主导了PC机市场。

苹果 Macintosh 128K（1984 年）

苹果公司从 1976 年起开始出售个人计算机，但直到 1984 年的 Macintosh 128K 才开始获得成功。这台计算机的面世伴有巨大规模的广告宣传，还有一个当时只出现在少数小型个人计算机上的新颖特征：Macintosh 拥有图形用户界面（GUI），让技术水平较低的用户也能使用。过了不久，所有 PC 机都有了 GUI，不过最后微软的“Windows”操作系统比苹果的更成功。

苹果 iPhone 手机（2007 年）

自推出 Macintosh 以来，苹果公司一直以走在计算机设计的前沿而闻名。2007 年，苹果 iPhone 手机彻底改变了个人计算机，引发了智能手机革命，使计算在手持设备上随时可用。2011 年，苹果已经是世界上最有价值的公司之一，人们购买的智能手机比购买的 PC 机还多。

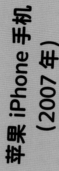

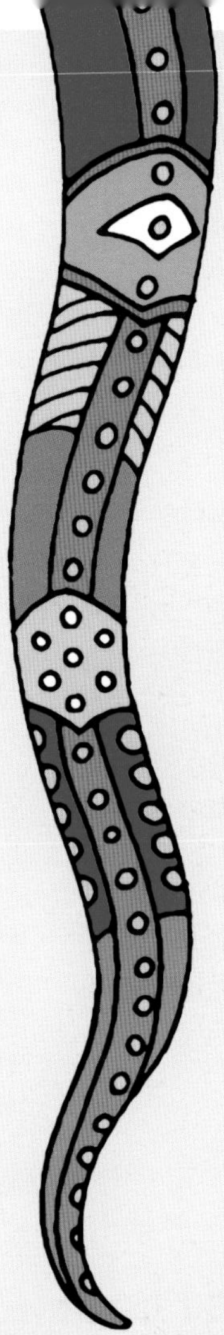

脚本语言

编程语言可以分为几类，每一类都有自己独特的工作方式。其中最流行的一种是脚本语言。脚本语言写出的代码不一定是运行最快的，但它们注重代码编写和代码运行的快速和紧凑，而且通常是动态类型语言。所以，脚本语言是很好的入门语言。

Javascript

近年来，Javascript 的普及率有了爆炸式的增长。从表面上看，它是一种非常直观的脚本语言，使用与 C++、Java 等很多其他语言一样简洁明了的语法。本书中的代码示例就受到了 Javascript 的启发。

Javascript 如此重要的原因，是得到了网页浏览器的支持，使其可以嵌入在网页中。因此，使用 Javascript 并与他人共享程序，就变得非常容易。与使用 node.js 等解释器的任何其他脚本语言一样，Javascript 也可以在浏览器之外运行。

当心！

为了简单明了，本书中的示例跳过了一些 Javascript 语法，比如用 var 来声明变量，或是用分号结束行等。虽然 Javascript 是一种容错率很高的语言，就算有些语法问题也会运行，但最好还是始终使用正确的语法。

Python

Python 是另一种流行的脚本语言。用 Python 开发大型项目很容易，因为它有许多库，可以简便地添加以实现额外的功能。Python 还有非常完善的类和继承模型，可以容易地进行面向对象的编程。

Javascript 的语法与许多早期的编程语言相同，而 Python 在许多方面都与众不同。例如，Python 不用大括号，而使用缩进（在行前添加空格）来定义代码块。Javascript 会用 *for* 循环，通过返回的值来检查错误，而 Python 代码则使用另一种方式来解决这个问题，比如迭代器（*iterators*）和异常处理（*exceptions*）。所以如果你在学习 Python（你应该学习 Python，它是一种很棒的语言），就要先阅读一些教程，充分了解它的工作方式。

其他语言

还有很多其他脚本语言，比如 Ruby、Lua、PHP 和 Perl。每门语言都有自己的优势和用途，所以如果遇到一种新的语言也不要害怕，去掌握它！

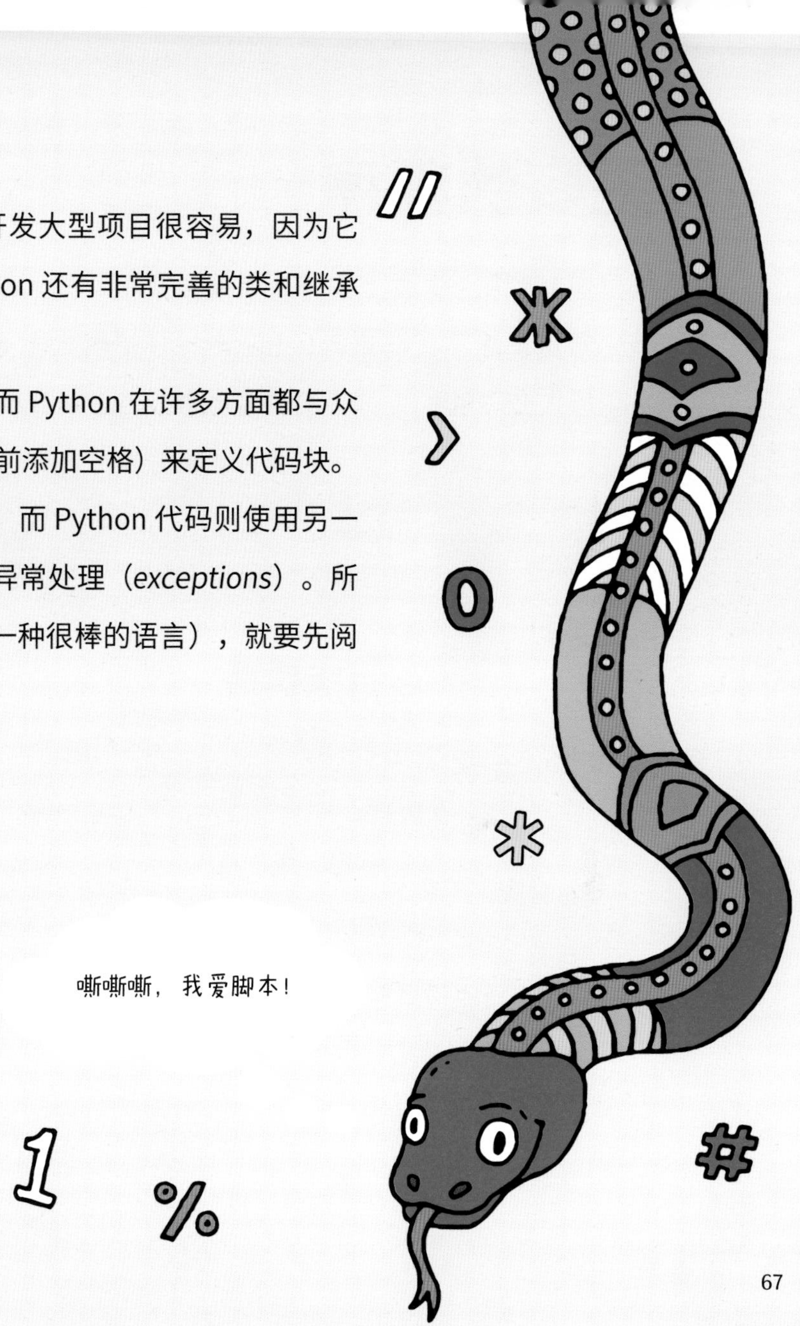

写更多的程序

希望你喜欢第 38 页上的第一次编程体验。Scratch 是一种神奇的语言，也是创建简单游戏和程序的不错的方法。除了代码之外，Scratch 还提供大量可以用在程序中的音乐和艺术素材，完成之后可以与朋友和家人分享它们！你需要注册并加入 Scratch 才能保存程序，然后就能分享你的代码了。

学习新技能

在 Scratch 的顶部菜单栏“教程”中，有很多教程。这些教程会带你一步一步地完成一系列项目。每当你学习一种新的编程语言时，学习教程都是个很好的开始。教程的设计是通过展示怎样使用这门语言的所有功能，来帮助你熟悉这些功能。请继续去探索 Scratch 的一些教程。

你也可以在主界面选择“发现”（Explore），看看其他人创建的游戏和程序。你不仅会喜欢这些游戏，还能看到它们的代码，知道它们是怎么创建的！可以先试几个游戏，然后看看你最喜欢的那个游戏的代码，搞清楚它是怎么运行的。你甚至可以改一些代码，看看会有什么影响。别担心会搞坏程序，你的改动不会影响主版本！

试一试

如果你有了开发一个程序的想法，一定要试试！如果还没有，这里提供一些参考：

- 写一个音乐程序，点击不同对象时会发出不同的音。试试右下方的**角色**（**Sprites**）列表区，里面有一系列对象可供选择（角色是二维形象的编程术语），还有负责音乐的**声音（Sound）**标签，和“当角色被点击”（When a sprite is clicked）事件。Scratch 允许你创建自己的角色，所以为什么不试试画一些黑白矩形，看看你能不能编程控制钢琴琴键！

- 写一个游戏，让一个球在屏幕上跳，每点击它一次就会得一分。试试用**运动**（**Motion**）菜单控制移动和跳跃。你还需要创建一个得分（score）变量，每点击一次就加 1。作为记分牌，这个变量还得是可见的。完成之后，要不要试试每点击它一次都会加速，或者让这个游戏限时 30 秒，这样你就能和朋友们竞争最高分了！

让代码免费

世界上有很多人以编程为生。如果你买一款视频游戏，一部分钱就会支付给写这款游戏的程序员。不过很多编程的人，也会写一些程序免费发布在互联网上。

有人这么做是出于爱好，有人这么做是为了学习编程，还有人这么做是为了提供有用的工具来帮助他人。

开源

还有一种特殊的免费软件，叫作“开源软件”。也就是说，你不仅能免费下载一个程序，还能免费下载这个程序的代码（即源代码）。于是，你就能阅读这些代码，看看程序是怎么工作的，甚至上手修改它！

开源软件背后的理念是，如果你喜欢一个程序，就应该能下载代码并修改它，赋予它新的功能。很多人在空余时间做一些小修小补，加起来就变成规模非常大的项目，比如一个网页浏览器！你甚至可能在不知情的情况下，用过开源代码。

当心！

不幸的是，在互联网上看到的项目并非都是安全的。有些可能有病毒，会损坏你的计算机，或者偷走你的信息！在从互联网上下载任何程序前，都最好问问相关专业人士。

参与

大规模的开源项目会非常复杂，所以在深入研究之前，需要先精通一门编程语言。不过只要你有一些编程经验，开源代码就能成为一种非常好的方式，让你见识一下真正的项目是怎样实现的！

在开始研究一个项目时，要确保依然有人在积极地为这个项目作贡献。这样，如果你有问题的话，才能有足够的人回答你的问题。

改进

了解了项目是怎样工作的，就可以开始着手改进它。一开始，可以尝试修复一些已经列出来的 bug。其他贡献者能看到你做了什么，告诉你其中有没有犯错，并把你的贡献整合到主程序中。

许可

开源程序能够免费下载，供我们使用、阅读和修改，但其中有些会限制与他人分享的方式。每个程序都有相关的许可，也就是复杂的法律条款。如果你只是在自己的计算机上用，就不需要担心这些。除了下载和修改现有的项目，如果你写出了一个很酷的程序，为什么不发布为开源软件呢？这是一种很棒的方式，既能让你的程序被人知道，还能炫耀一下你的能力！

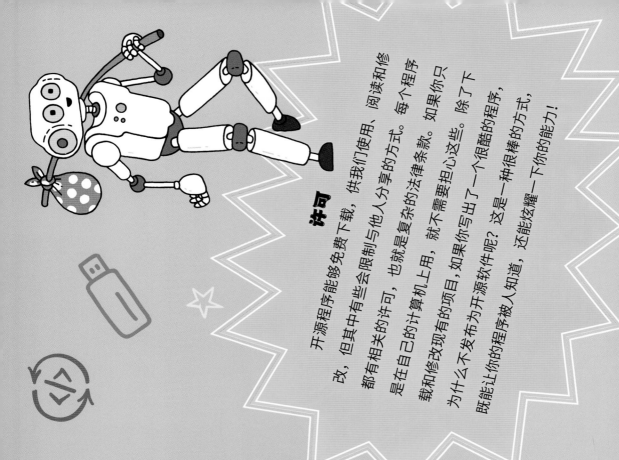

机器人的崛起

计算机程序不仅能控制个人计算机、智能手机和平板电脑，如果你的代码和一些电子元件结合起来，还能给自己造一个机器人！

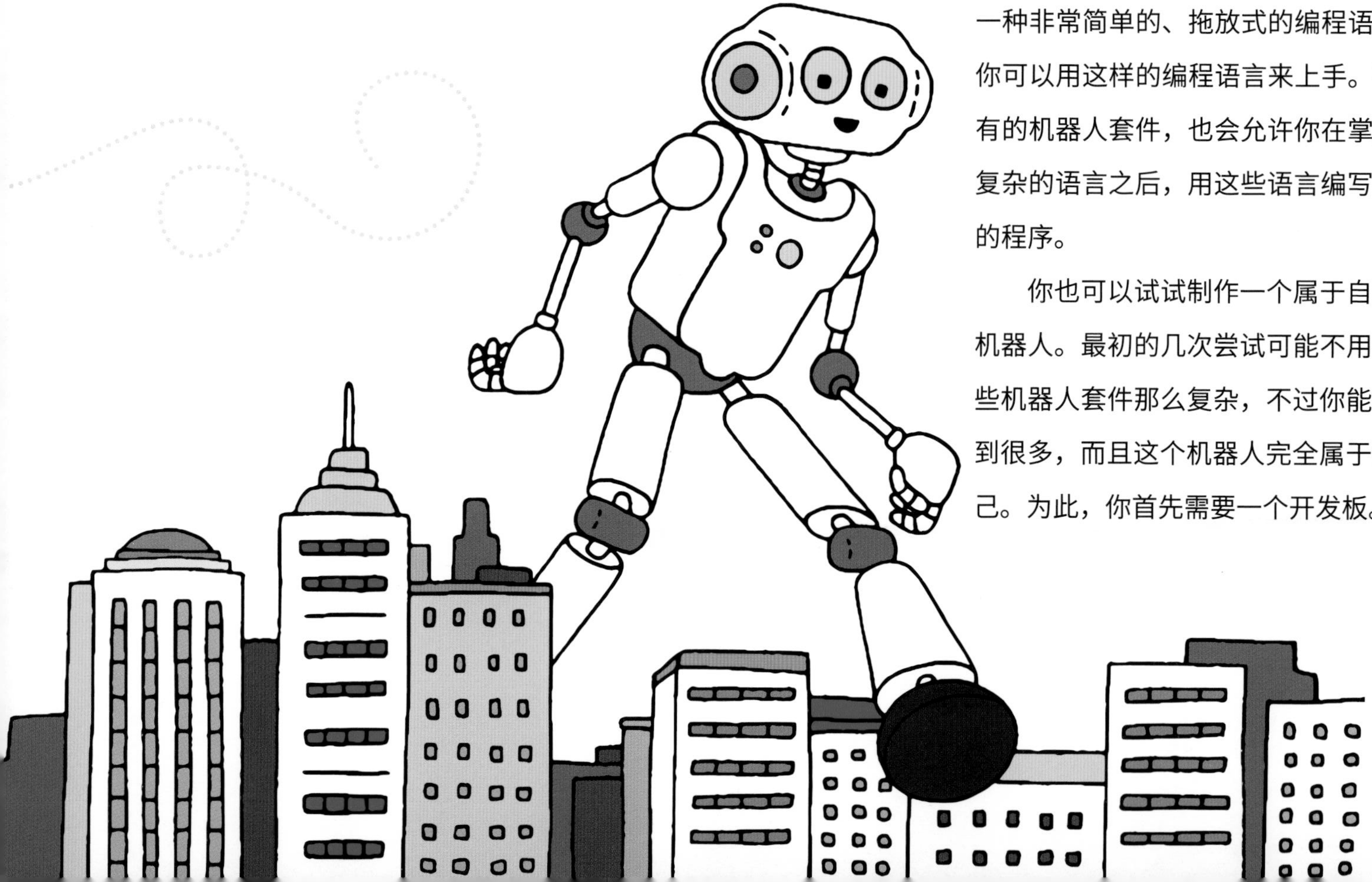

机器人入门

一种方法是使用预先制造好的机器人。如果你上网，或是逛电子产品或玩具店，就会发现很多可以编写程序来执行任务的机器人套件。其中许多都带有一种非常简单的、拖放式的编程语言，你可以用这样的编程语言来上手。不过有的机器人套件，也会允许你在掌握更复杂的语言之后，用这些语言编写自己的程序。

你也可以试试制作一个属于自己的机器人。最初的几次尝试可能不用像那些机器人套件那么复杂，不过你能够学到很多，而且这个机器人完全属于你自己。为此，你首先需要一个开发板。

开发板是一种小型计算机，你可以把自己的程序加载上去，通过程序与电子元件的交互来控制机器人。从袖珍电脑开发板 micro:bit 或开源电子平台 Arduino 开始，是很好的方法。不过，如果你已经有很多乐高积木，可以试试乐高机器人。

机器人接口

开发板上会有一些 I/O（输入 / 输出）引脚，把其他东西连接到这些接口，就能用开发板来控制它们。你可以从连接 LED 灯开始，写程序让它们以很酷的规律亮起，甚至可以用它们拼写出信息。弄懂它的原理之后，就可以开始连接电机等组件，让你的机器人能到处走！

除了用程序控制这些组件，还可以连接传感器，给你的机器人传递信息。传感器可以感应光线、温度等。结合电机，你就能制造出一个朝着最亮的光线行驶的机器人，让它在房间里追着手电到处跑！

当心！

电可能会很危险。要确保有一位成人检查你的工作，保证你不会伤到自己，或是弄坏你的机器人套件。

文件处理

如果你想让使用你程序的用户能够在停止程序之后，下次还能再继续，比如在计算机游戏中存储和加载进度，那么你的程序就需要处理文件。文件是指数据在计算机存储器中的保存位置。一个文件可以是一张照片、一部电影、一个文本文档，或是其他任何类型的数据。

文件归档

不同的编程语言访问文件的语法有很大差异，但方法几乎都是相同的。首先，你需要打开（*open*）文件。*open* 语句将文件路径作为参数，例如“*C:\my_files\file.txt*”，代表你的程序要打开哪个特定的文件。

open 语句会返回一个 file（文件）对象，也就是

酷知识

你可能已经注意到，我们没有讨论怎么创建文件。这是因为如果你让程序打开一个文件，而那个文件并不存在，计算机就会给你创建一个！

说可以对程序里的文件进行读写操作。读取是指程序从文件中获取数据，而写入则是指将程序中的数据放到文件里。执行这些操作的语法，通常与从键盘获取输入并输出到屏幕的方式非常相似。文件使用完毕后，在 file 对象上调用关闭（*close*）语句以停止使用。

限制访问

当你打开一个文件时，默认能够读取和写入。但许多情况下，你只是想读取，或是只想写入。这时，最好以只读或只写模式打开这个文件。这样你的程序就只能读取或只能写入。当你只想从一个文件中读取数据时，这种方法尤其好用，你就不会因为不小心而写入数据，把它搞得一团糟！

文件名通常以点（.）结束，后面加上几个用于定义文件类型的字母，也就是文件的扩展名。例如，文本文件以 .txt 结束，而 .jpg 和 .gif 是图片格式。你的计算机可能默认隐藏扩展名，你可以上网查查怎么显示扩展名。

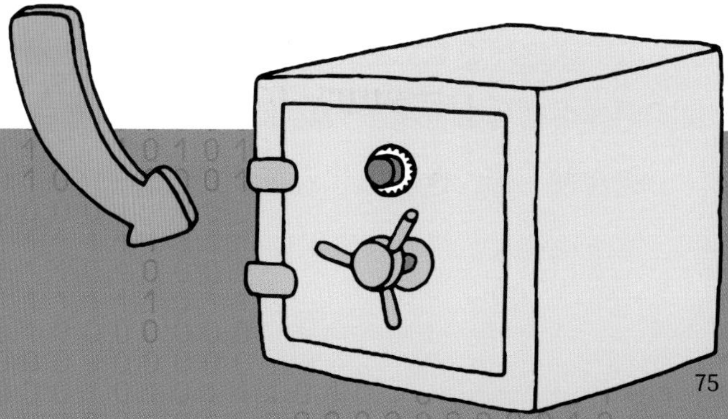

控制通信的代码

最早的计算机是独立工作的设备，而现代计算机通常与其他计算机联网，能够互相发送和接收数据。数据可以通过以太网电缆传输，也可以通过无需电缆的无线方式（Wi-Fi）传输。

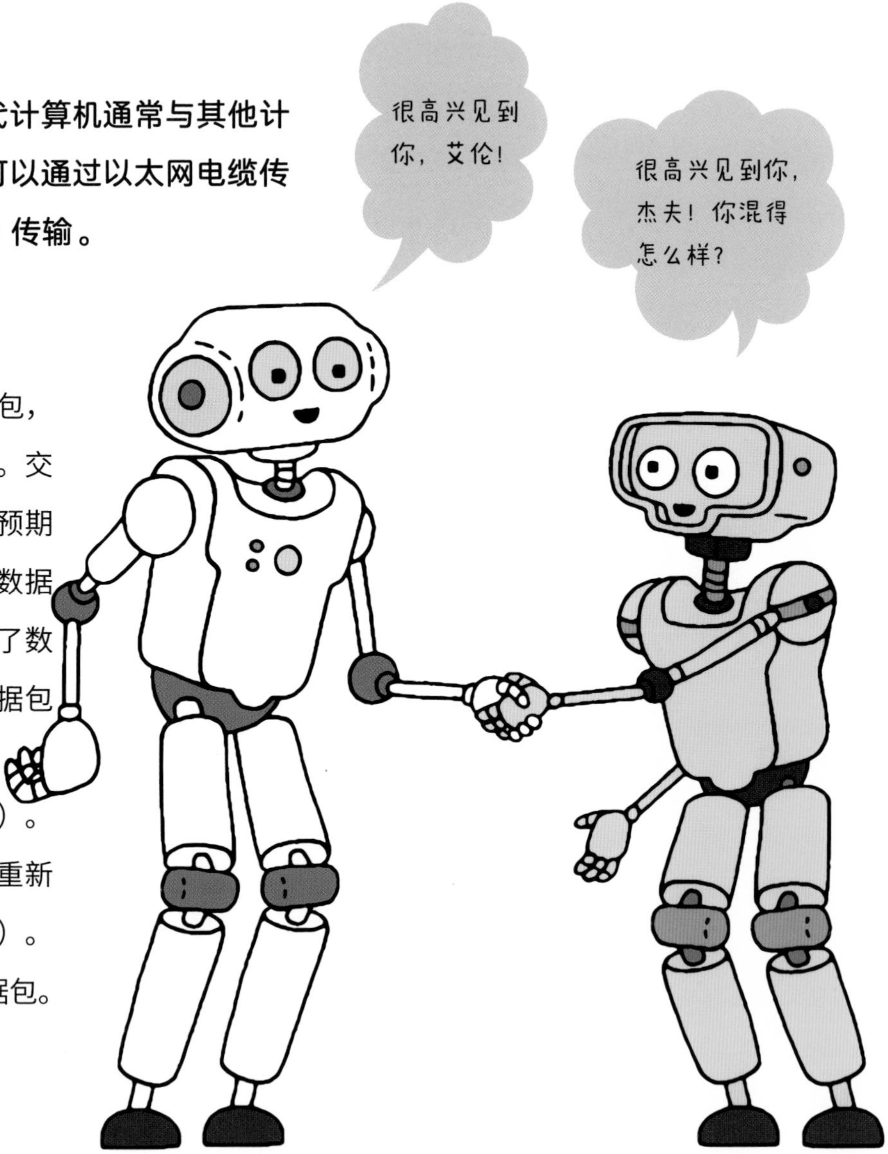

网络工作原理

发送或接收的数据，要被分成一个或多个数据包，然后通过有线或无线链路，传输到最近的交换机。交换机是一个物理设备，负责将这些数据包发送到预期的目的地，确保它们最终到达正确的位置。就像数据一样，每个数据包都以一个标头开始，标头描述了数据包的来源和去向，这样交换机就知道应该把数据包发送到哪里。

这种传送数据包的方法称为 IP（互联网协议）。把要发送的数据拆分为数据包，然后在另一端再重新组合在一起，这个过程称为 TCP（传输控制协议）。这个协议也负责重新发送任何在传输中丢失的数据包。

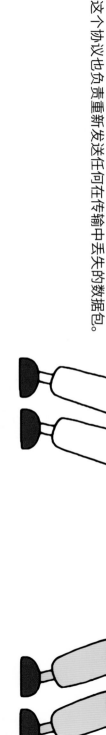

网络工作方式

这听起来很复杂（实际上也很复杂！），好在你的计算机会帮你处理。要让你的程序发送或接收数据，只需要创建一个 socket（套接字）对象，它代表了你要发送或接收数据这件事情，就像 file 对象代表读取或写入数据的方式一样。

区别在于，在网络中连接到另一台计算机时，一方（服务器）必须等待另一方（客户端）建立连接。就像笔记本电脑有多个 USB 端口可以插入设备一样，电脑也有多个网络端口可以连接。与物理端口不同的是，一台计算机有数千个可用的网络端口。

为了建立连接，服务器程序要监听特定的端口，客户端程序再通过该端口和要连接的服务器地址建立连接。建立连接之后，双方就可以发送和接收数据，就像对文件进行写入或读取一样。不过不是用写入 *write()* 和读取 *read()*，而是用发送 *send()* 和接收 *recv()*。

```
my_socket = socket()
my_socket.connect("www.example.com", 5000)
my_socket.send("testing, testing!")
received = my_socket.recv()
print(received)
```

创建一个 socket 对象

连接到 www.example.com 的 5000 端口

给另一台计算机发送一个字符串

等待对方发送一个字符串回来

打印出你得到的结果

云

近年来，计算机领域最重要的趋势就是设备需要经常去连接互联网。不久以前，计算机用户都只在需要下载东西，或是在查找什么东西时，才会上网。不过现在，由于有了智能手机，再加上无线网覆盖率的增长，很多计算机都一直在线。

酷知识

互联网诞生于 20 世纪 70 年代美国几所大学的一个研究项目，该项目创建了一个名为阿帕网的计算机网络。因为阿帕网的设计是为了在核攻击中存活下来，所以它没有中央控制点。这就是为什么即使到了今天，互联网也是去中心化的，也就是说没有任何个人或国家在控制它。1989 年，一位名叫蒂姆·伯纳斯·李的英国计算机科学家创建了万维网的第一个网页，我们就开始用这种方式使用互联网。

什么是云？

一直在线的设备可以使用一种新技术：云计算。云计算本质上是指曾经只能在本地处理的任务，例如存储文件和进行计算等，现在能够由互联网上的计算机分担。由于这些计算机处在世界的哪个位置都不影响任务的完成，所以被称为“云”。

互联网中实际进行存储和处理的计算机被称为服务器（因为它们是服务其他计算机，而不是自己）。它们没有自己的屏幕或键盘，而是堆放在大型数据中心的大型机架中。这些数据中心可能有数万台服务器，需要大量电力来运行和降温，所以通常建在发电站旁边。

优点和缺点

云计算有许多巨大优势。其中一个优势是，因为个人计算机不一定再需要那么强大的存储或处理能力，这样就便宜得多。将数据存储在云中，即表示就算你的计算机丢失或损坏，所有的数据也仍然安全，可以加载到新的计算机上。另外，你还可以通过任何台式计算机、笔记本电脑或智能手机轻松访问相同的数据。

不过云计算也有缺点。如果你无法访问互联网，就只能使用数据的本地副本，功能也可能受限。还有一些非常隐私的数据，你可能不想存储在网上。虽然云服务商非常重视安全，但黑客已经多次成功地从数据中心窃取了信息。

排队等待

我们已经讨论过数组，它是一种将数据存储在一块内存中的方式，使数据的每个部分都能随时被访问。不过这种存储方式并不适合所有的数据。

链表

还有一种存储数据的方式，就是链表。链表不像数组那样，把所有数据存储在一个大的内存块中，而是单独存储每一条数据及其到列表中下一个结点的链接，就像链条中一环套一环。因此，结点A有指向结点B的链接，结点 B 有指向结点 C 的链接。单链表只有一个方向的链接，而双链表则有双向的链接（C 链接回 B，B 链接回 A）。

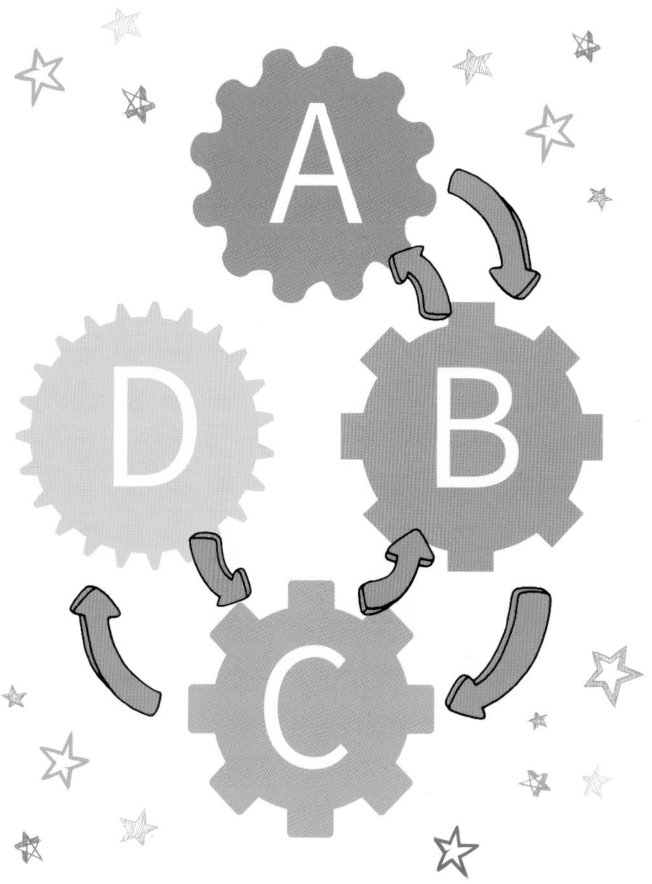

要访问链表中的结点，就需要跟随链表中的链接来遍历链表。因此在访问速度方面，链表比数组慢。在数组中，一次操作就可以访问数组中的任何元素。不过，在链表中添加和删除链接很容易，而数组因为是一个内存块，收缩或扩容会更难。

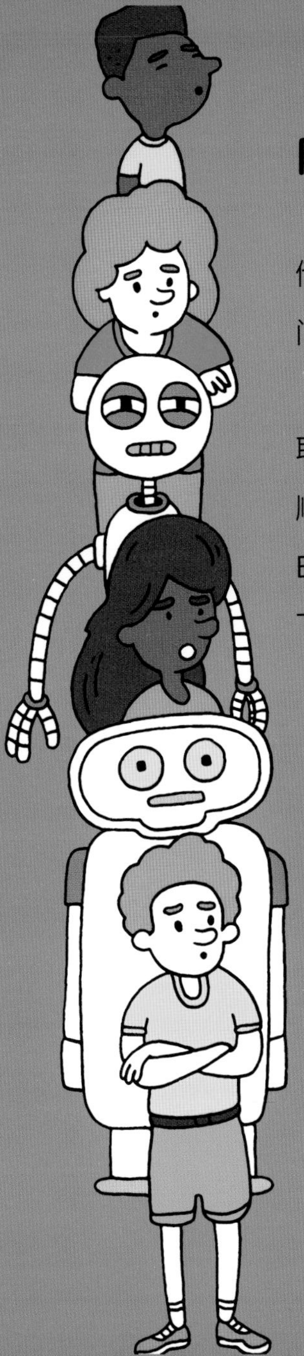

队列和堆栈

使用数组和链表，是为了实现计算机内部所需的特定类型的存储：队列和堆栈。在队列和堆栈这种数据存储方式中，不能随便访问任何元素，而只能根据元素存入的顺序，一次读取一个元素。

队列使用先进先出操作。如果把 A 和 B 先后添加到队列中，读取时就会先得到 A 再得到 B。堆栈则相反，按后进先出（LIFO）的顺序操作。如果你把 A 和 B 先后添加到堆栈中，读取时就会先得到 B 再得到 A，就像把东西放到一堆纸的上面，然后再从这堆纸上面取下来一样。

酷知识

将一个元素放入堆栈叫作“推入”，而把一个元素取出来叫作“弹出”！

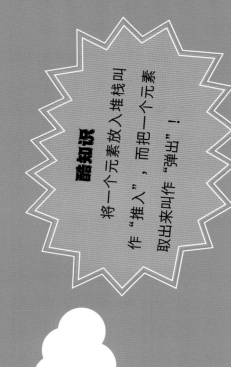

计算机游戏

自第一台计算机问世以来，程序员们一直在研究怎么用它玩游戏！1972 年问世的投币式街机游戏乒乓是一款黑白游戏，用两个白色矩形做球拍，一个正方形做球，1974 年开始进入家庭。

今天，最大规模的视频游戏被称为 AAA 级游戏，或 3A 级游戏，需要由几百位程序员、艺术家和测试人员组成的团队历经多年，投入超过 1 亿英镑才能开发出来。这种游戏具有顶级的 3D 图形，常常会把计算机的性能发挥到极限。

独立游戏

不过市面上可不是只有黑白游戏和 3A 级游戏。近来编程工具的发展，使独立游戏迎来了爆发。独立游戏是指由单个的程序员或小规模团队，通常在业余时间开发的游戏。开发这种游戏很简便，程序员可以尝试游戏玩法，并创造出令人惊叹的新型游戏。“我的世界”（Minecraft）可能是世界上最大型的计算机游戏，但它是一位程序员作为业余爱好开发的项目！

智能手机和平板电脑为个人开发游戏提供了另一种很好的方式，很适合单人或小团队开发小型、简单的游戏。这些设备的应用商店使发布游戏变得很容易，人们甚至可以从自己作为业余爱好开发的游戏中赚钱。

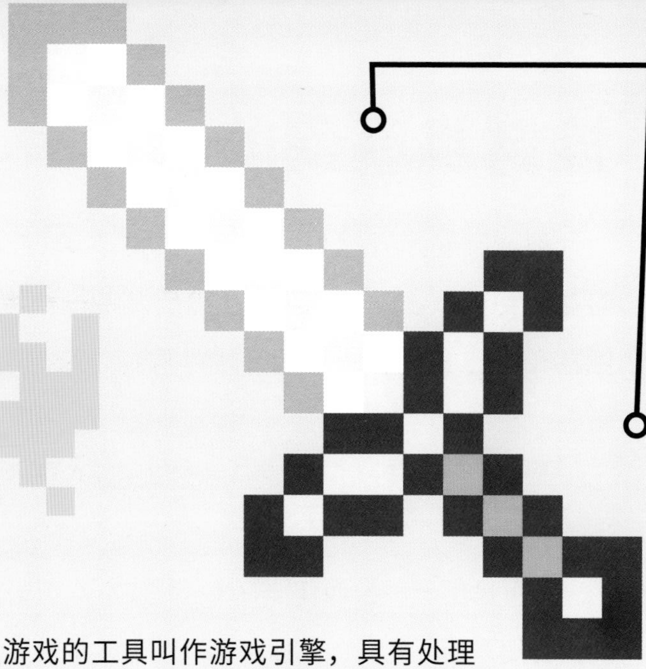

游戏引擎

用于开发独立游戏的工具叫作游戏引擎，具有处理2D和3D图形、网络、声音、文件输入输出和创建游戏所需的一切功能，还附带可以在游戏中使用的3D模型、音乐等资源。你也可以从互联网上下载其他资源，有些是免费的，有些是收费的。

要制作一款游戏，就需要自己写代码，告诉游戏引擎在什么情况下应该做什么。每个引擎都有不同的命令，并支持不同的编程语言，有的非常容易使用，有的则更复杂、功能也更强大。有的引擎用于为个人计算机开发单机版游戏，有的用于开发网络游戏，还有的用于开发手机游戏。

控制互联网的代码

创建网站是开始编程的绝佳方式。毕竟，谁不想拥有自己的网站？网上有很多帮助教程，你也不需要在计算机上安装任何其他软件，只要有网络浏览器和文本编辑器，就可以开始了！

网页是用一种被叫作 HTML（超文本标记语言）的语言编写的。网页中需要包括页面上显示的单词，以及你想要显示的图像地址、链接和任何其他内容。你还可以直接在文件中或在单独的层叠样式表文件中包含格式（颜色、大小、对齐方式，以及其他能够精确描述内容外观的属性）。

动态网页

如果想让你的网页真的活起来，可以把计算机代码直接嵌入其中！浏览器支持 Javascript，所以可以把 Javascript 脚本直接嵌入 HTML 文件中，当然也可以写成一个单独的 .js 文件。这样，无论谁加载你的网页，你写的代码都能在他们的浏览器中运行。

你写的代码是由回调触发的。浏览器提供了大量可供使用的回调，使你写的代码能够在下述情况下运行：

- 加载页面时
- 有人按下按钮时
- 有人在文本框中输入时

……当然还有很多其他方式。

这样，你的代码就可以更改网页。改什么都可以，从调整文本大小到完全更改整个页面！在 Javascript 代码中，网页用文档对象模型（DOM）表示。这与 socket 或 file 对象非常相似，是代码中代表网页的部分。对 DOM 所做的任何操作，都将呈现在页面上。

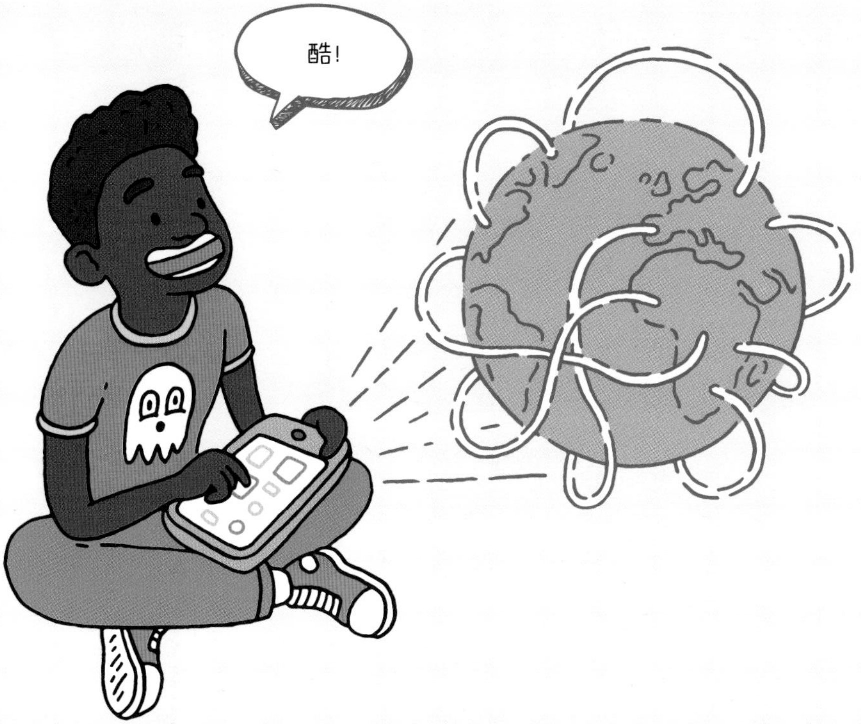

出于安全考虑，有些操作不能在浏览器中执行。不过HTML是一种强大而灵活的语言，最近更新到HTML5（H5页面），又增加了更多的功能，例如可以使用画布元素将动态绘图和动画直接放入网页中。

从现在起，每当你浏览网页，发现一个页面有一些特别酷的功能时，要意识到它是用Javascript代码实现的。想想它是怎么做到的，也许你就可以自己尝试去实现它了！

万物智能

永远在线的不仅仅是个人计算机和智能手机。无线技术现在已经足够小、足够便宜，可以内置到各种设备中，同时还可以嵌入控制无线技术所需的传感器和微芯片。于是，你的恒温器、扬声器甚至灯泡，都可以通过互联网报告状态并接收命令，也就变得智能了。

用不了多久，你家里的所有电器都将连接到无线网络，并通过智能手机或个人计算机共享数据并进行控制。你可以让音乐跟随你从一个房间传到另一个房间，远程关掉暖气，对个人电子设备的控制比以往任何时候都得心应手。通俗地讲，物联网就是“物物相连的互联网”。

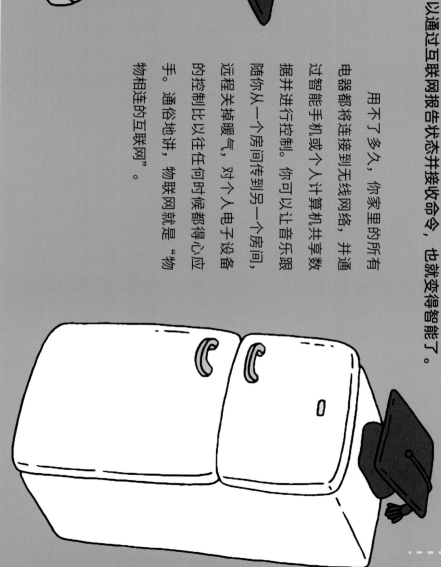

掌握控制权

不过，作为一名程序员，你从物联网中能够得到的更多。除了智能手机应用程序（APP）之外，还有很多智能设备可以通过应用程序编程接口（API）进行控制。也就是说，你可以自己编程来控制它们。API 是一组网络命令，设备会监听这些命令。API 还附有文档，告诉你它们是什么，以及如何使用。

智能化升级

除了控制其他设备外，如果你正在创建自己的电子设备，比如机器人，为什么不通过无线控制它呢？这样你就可以在你的计算机上编写控制代码，并通过网络来控制机器人，而不是每次有改动时都得在计算机上为机器人重新加载代码。有的开发板（如树莓派）内置了网络，而有的开发板（如 Arduino 板）则附加了网络模块。每种开发板都有库，可以方便地将机器人连接到无线网络。

酷知识

你当然可以自己写网络和 API 代码，不过通常有编程语言的软件库会帮你实现，而你只需要关注想让设备实现哪些功能。如果有可能的话，你应该使用像这样的第三方库，而不是什么都自己来写。这样能帮你节省大量的时间。另外，因为有许多人在使用相同的代码并报告各种问题，这些库都会尽可能地完善起来。

跟踪代码

程序不过是文本文件，而我们也看到智能编辑器和集成开发环境让编程变得更快、更简单。同样地，你可以把程序直接保存在磁盘中，而版本控制却能让你更加简便地保存和加载程序的多个版本。

版本控制是跟踪你对一个文件所做改动的一种方式。使用版本控制时，首先要创建一个版本库，用于存储一个或多个程序。然后你就可以如常地开始写程序，当对程序的进展感到满意时，再将代码提交到版本库中。

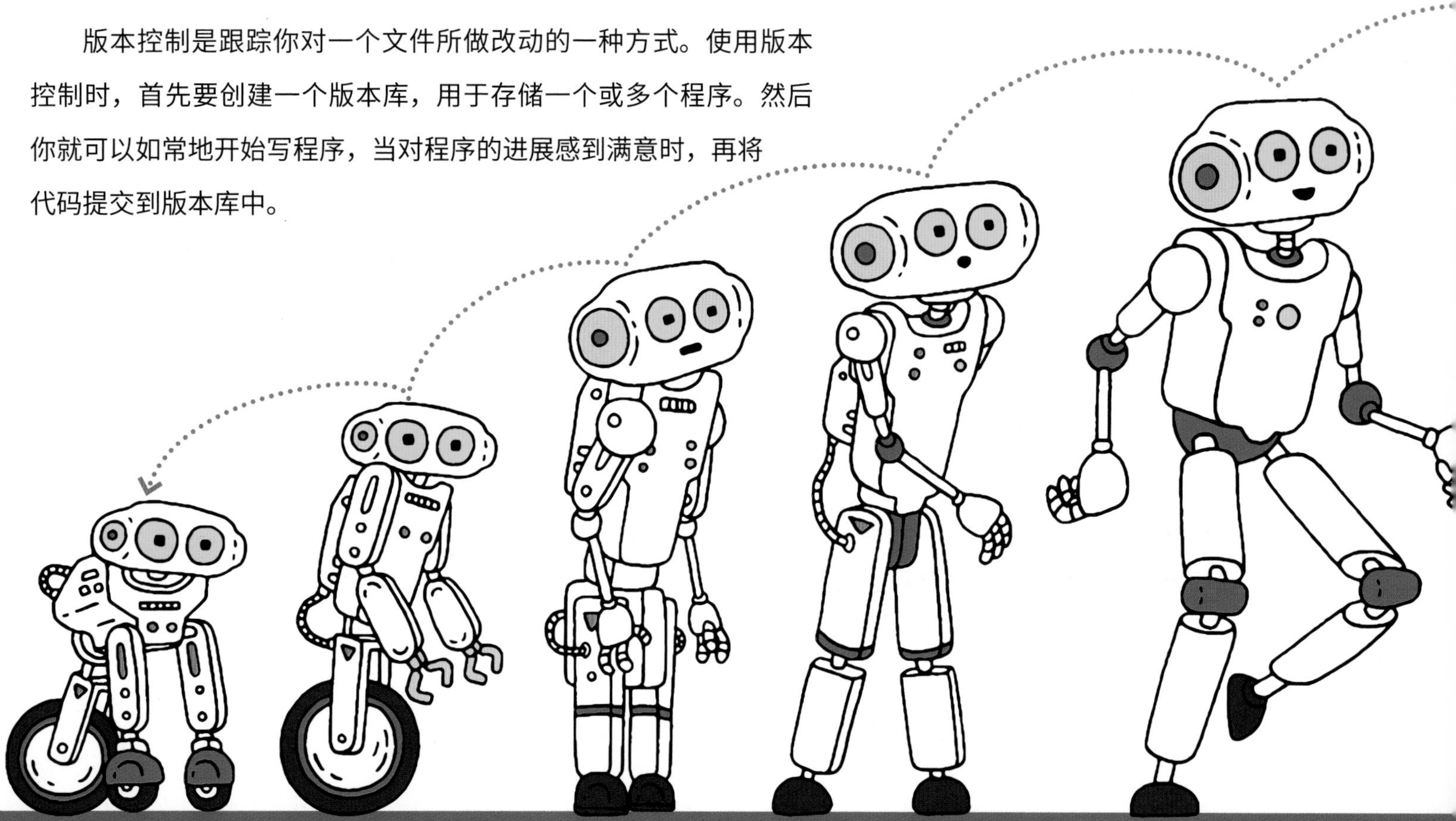

时光可以倒流

版本控制系统中有你每次所做的一系列更改的历史记录。如果你发现自己犯了错，代码出了问题又不知道怎么修复，就可以恢复到早期版本。你还可以以差异的方式来显示每次提交的代码有什么变化，精确地看到所做的改动。

版本控制系统既可以完全保存在本地机器上，也可以使用免费的在线版本控制系统，例如 GitHub。这些免费的在线版本控制系统有两大优势。首先，因为它们提供云服务，所以你可以在多台机器上处理代码，如果一台机器出了问题，代码依然可以恢复。其次，因为版本库默认是公共的（任何人都能看到），你也可以非常简便地与他人共享代码。

与他人合作

事实上，共享代码才是版本控制的真正价值所在，是多人处理同一代码的最佳方式。它能够跟踪每个人所做的改动，并帮助他们解决冲突。现代版本控制系统是分布式的，也就是说每个人都有版本库的本地副本。他们从主版本库中提取更改的内容，并将本地提交的内容推送到主版本库。

开源项目通过版本控制系统来协调。提交时，不能直接将要提交的代码推送到版本库，而是创建一个拉取请求。熟悉代码的人会审查这些请求，要么接受到主程序中，要么退回请求并将需要修改的内容加上注释。也就是说，如果你是在为一个大项目贡献力量，会有人审查你的代码，并帮助你尽可能地完善它。

经典编程语言

我们介绍过的 Python 和 Javascript 等属于脚本语言类型，但脚本语言并不是唯一一种普遍使用的编程语言类型。现在我们来介绍一些高级语言，每天在计算机上运行的很多程序都是用这些语言编写的。

C 语言和 C++ 语言

其中，C 语言和 C++ 语言非常重要。C 语言是一种经典的语言，其历史可以追溯到 20 世纪 70 年代初。而 C++ 语言是 C 语言的升级版，其中增加了类，还有很多其他的改进。与大多数脚本语言相比，C++ 要求更高、编码速度更慢，不过它有很多强大的功能，例如通过指针直接访问计算机内存。

C++ 和其他许多同类语言一样，不能直接运行，必须先经过编译。编译是指程序员必须使用一种编译器程序把自己的程序转换为机器码，形成可执行文件，再分发给用户。因此，不同的操作系统（因为机器码不同）需要不同的编译器和不同的可执行文件。

不过，有了这个编译步骤，的确使许多问题能够在编译时被发现，而不是等到程序运行时才发现。由于代码已经被翻译成计算机可以直接运行的语言，通常运行速度也更快。因为这种速度优势，加上时间积淀，有很多用 C 语言和 C++ 语言编写的软件，其中包括大多数计算机操作系统。

Java

许多现有软件使用的语言不只有 C 和 C++，还有 Java。Java 是一种相对较新的语言，开发于 20 世纪 90 年代。Java 受到 C++ 的启发，不过它的设计更易于编写和移植。与 C++ 不同，Java 会进行大量的内存管理，而且很容易添加功能库。

最重要的是，Java 不是直接编译为机器码，而是会转化为字节码，通过解释器在任何操作系统中运行。因此，Java 介于编译语言和脚本语言之间，不需要针对不同的操作系统进行重新编译，随时随地都可以运行 Java 程序。

Java 语言广泛应用于管理网站和服务器的程序。Java 和 C++ 不是最好的入门语言，不过如果你对开源开发感兴趣的话，会发现许多代码都是用这两种语言写的。

并行工作

到现在为止，你看到的程序都是让计算机一次执行一个指令。计算机速度很快，这么做一般也没问题。不过有时候你可能需要程序的不同部分同时独立运行，这就需要用到并行性。

分支

并行是指同时运行多个程序，就像一棵树的枝条在生长过程中长出许多分支一样，程序也可以分叉成多个分支。每个分支都叫作线程或进程，每个线程或进程本质上都是不同的、独立的程序，一次执行一个指令。

那么，为什么要并行运行呢？因为这样你能完成可能需要耗费很长时间的工作，还不会占用程序的其他部分。例如，一个程序的图形用户界面（见第 48 页）就常常与程序的其他部分分别运行。通过这种方式，即便主程序需要很长时间来进行计算，用户仍然可以滚动页面或点击按钮，因为 GUI 代码是独立运行的。

但是，代码分支之间需要通信：用户按下 GUI 中的按钮时，你的主程序需要进行一些操作。编程语言实现这个功能的方式各不相同。通常会使用队列在分支之间传递消息：一个分支写入消息，另一个分支在空闲时读取它。

加锁和解锁

写并行代码（有时称为多线程代码）可能会很复杂。例如，不同的分支可以共享同一个变量，但如果多个分支想同时使用这个变量，就可能会有大麻烦。各种类型的量（如互斥锁和信号量）就是为了避免这样的情况，确保每次只有一个分支访问同一个变量。如果另一个分支也要使用这个变量，必须等到第一个分支完成并解锁。

酷知识

其实计算机可以同时做多件事情。现代计算机的 CPU 有 2 个、4 个或者更多个内核，每个内核都能运行一个线程或进程。不过，你一次实现的进程可以远比 CPU 的内核要多，因为 CPU 在各个进程之间的切换非常非常快，感觉好像一切都在同时运行！

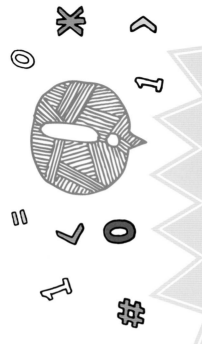

超级计算

计算机刚刚被发明出来时，有一间屋子那么大。现在，计算机可以放在桌子底下，或是放在你的手心里。不过还是有一些计算机有一栋楼那么大，这就是超级计算机。

酷知识

除了预报天气以外，超级计算机长期以来一直被用于设计和模拟现存最具破坏性的武器：原子弹。这一点看起来没有什么特别的吸引力，却让各种核禁试条约成为可能。拥有核武器的国家同意不再在现实世界中试验，而是用超级计算机进行模拟。

快，快，再快！

超级计算机是无比强大的机器，能够用来解决令人难以置信的复杂问题。最常见的是模拟非常复杂的现实世界系统，例如天气模式（这样就可以预测什么时候会下雨），或者蛋白质分子怎样折叠（从而找到新的医疗方法）。

由于单个CPU的大小有限（见第46页），超级计算机实际上是由数千个连接在一起的CPU组成的。在超级计算机上运行的程序需要被编写成大规模并行：把计算分成数千个任务，然后分配给一个一个的CPU。

租用超级计算机

超级计算机价值数百万英镑，显然让几乎所有人都望而却步。然而，随着云计算的出现，现在可以按分钟租用计算时间。因此，如果一位科学家需要超级计算机来解决某个问题，只需要租用一个小时左右的算力来运行程序，花费几千英镑就能临时使用自己的超级计算机。

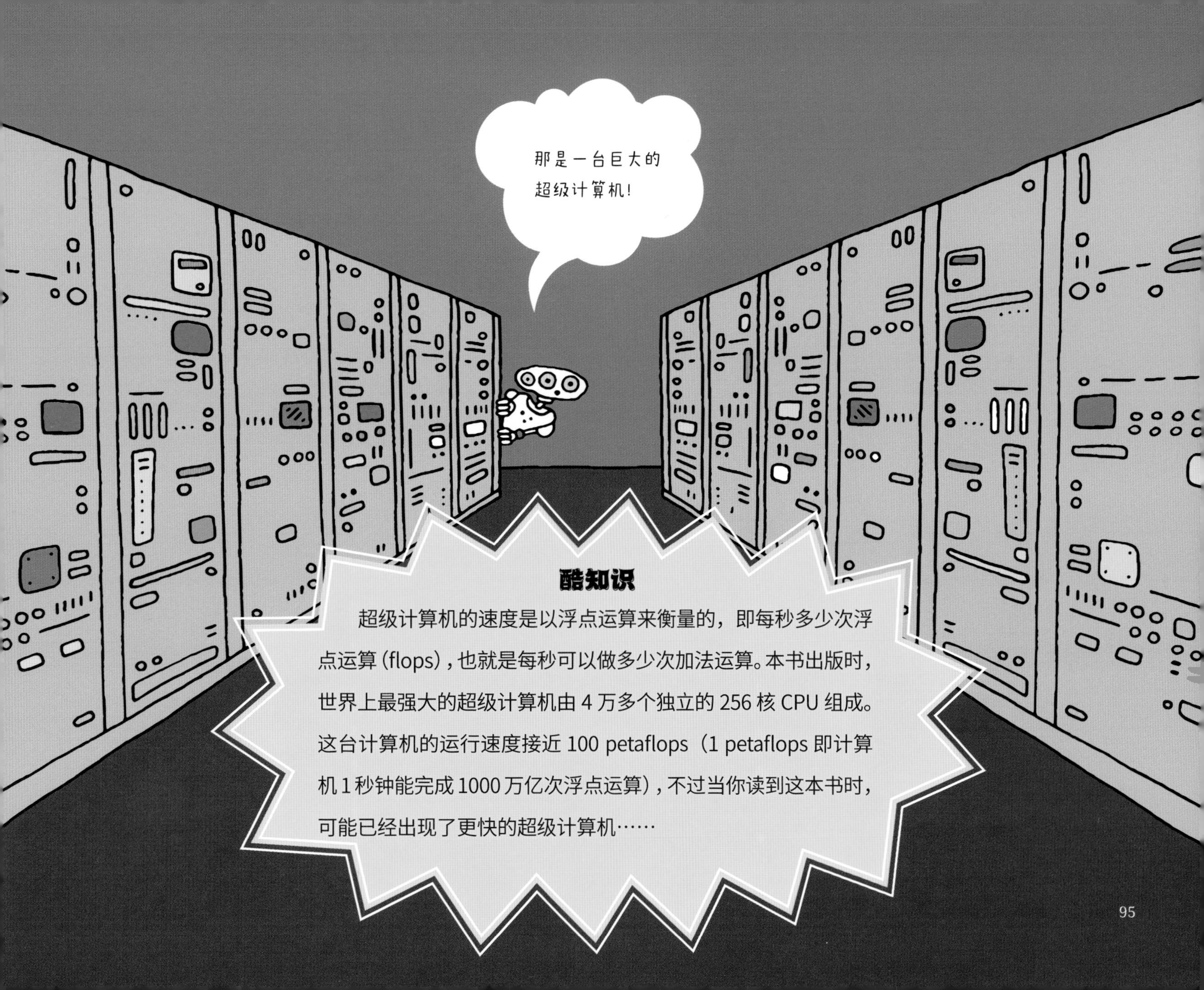

酷知识

超级计算机的速度是以浮点运算来衡量的，即每秒多少次浮点运算（flops），也就是每秒可以做多少次加法运算。本书出版时，世界上最强大的超级计算机由 4 万多个独立的 256 核 CPU 组成。这台计算机的运行速度接近 100 petaflops（1 petaflops 即计算机 1 秒钟能完成 1000 万亿次浮点运算），不过当你读到这本书时，可能已经出现了更快的超级计算机……

算法的节奏

计算机的计算速度很快。一台普通的计算机时钟频率就能达到 1GHz，也就是说每秒能完成 10 亿次计算。所以大多数时候你都不需要担心程序运行的速度。不过，有时你可能会发现一个程序需要很长时间才能完成，这时你就得想想自己正在使用的算法是不是有问题。

当心！

试图为代码的所有功能都找到最快的算法可能很诱人，但并不总是最好的主意。你不光会花费大量的时间和精力，而代码只不过快了一毫秒，还会最终得到难以理解或难以修改的代码。花大量时间加速不需要的代码叫作过早优化。只有当代码的速度成为问题时，才应该去操心它。

算法是指代码解决特定问题的方式，例如把一个列表按照字母顺序排序。完成一个任务的代码可以有很多种，每一种都有自己独特的复杂度。因此，当你增加数据量时，所需要的运行时间也会随之变化。

你的代码有多复杂？

复杂度为 O(n) 的算法称为线性算法，也就是说，如果数据集 (*n*) 大小加倍，运行所需的时间也会加倍。而同一个任务的另一种算法，复杂性可能是 $O(n^2)$。这样，当数据量加倍时，运行时间就是原来的 4 倍。当 *n* 很小时，运行时间的差别并不重要。但如果你有数百万个元素，第二种算法解决相同任务的时间可能会比第一种算法要长数万倍！

还有很多其他可能的复杂度：括号里 *n* 的值越小，这种算法在大数据集上的运行速度就越快。要计算算法的复杂度，就要查看代码，试着计算出运行 *n* 条数据需要多长时间。嵌套循环（循环套循环）意味着算法的复杂度可能很高。如果你打算处理大量数据，就得考虑是不是有办法重写代码，以避免这些问题。

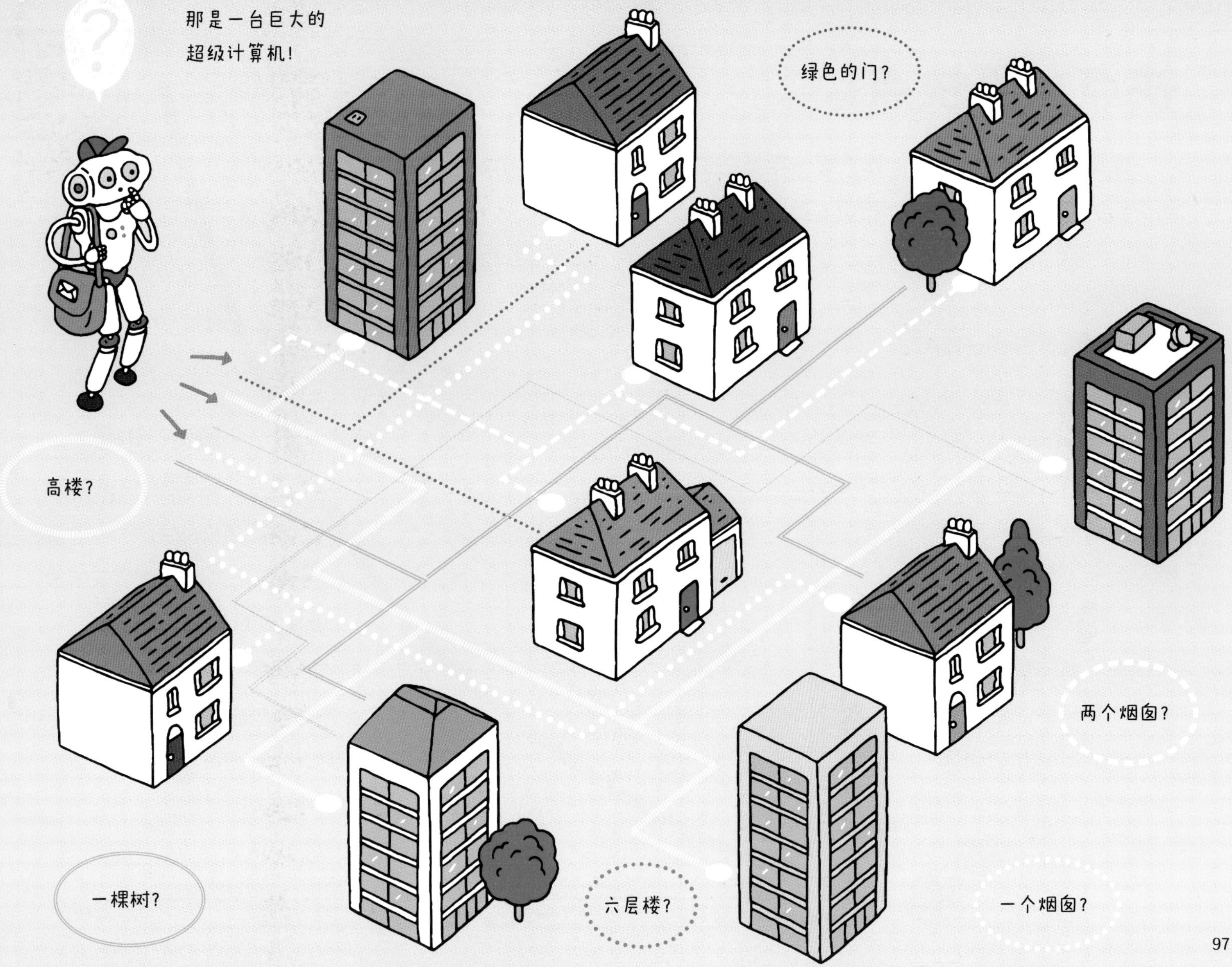
那是一台巨大的
超级计算机！
高楼？
绿色的门？
两个烟囱？
一棵树？
六层楼？
一个烟囱？

快点，再快点！

你可能已经注意到，计算机每一年都在进步。你可以用同样多的钱，买到更快的 CPU、更大的内存和更多的存储空间。

实际上，很长一段时间以来都是如此。早在 1965 年，英特尔（至今仍是世界上最大的 CPU 制造商之一）的创始人之一戈登·摩尔就注意到，一样的硅芯片可以容纳的晶体管数量每年都会翻一番，所以同样大小的 CPU 性能也提高了一倍。

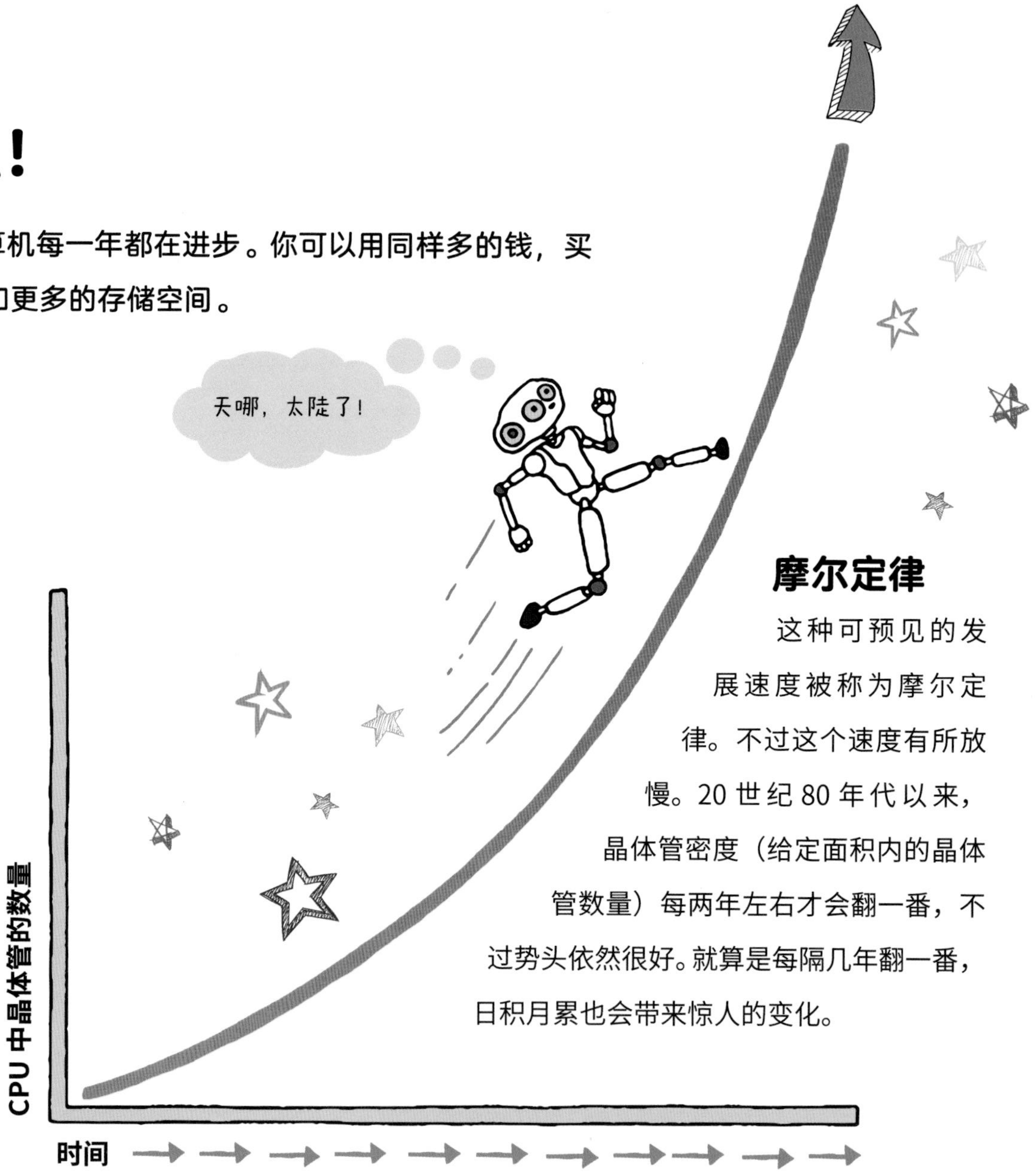

摩尔定律

这种可预见的发展速度被称为摩尔定律。不过这个速度有所放慢。20 世纪 80 年代以来，晶体管密度（给定面积内的晶体管数量）每两年左右才会翻一番，不过势头依然很好。就算是每隔几年翻一番，日积月累也会带来惊人的变化。

酷知识

1969 年控制阿波罗 11 号并将人类送上月球的计算机，在当时算是非常先进了，耗资数百万美元。阿波罗制导计算机（AGC）驾驶飞船从地球飞到月球，行驶 380 000 千米，然后安全返回。然而，它与现代计算机相比却黯然失色，甚至完全不是对手。就连你的烤面包机，威力也比它大了好几个数量级。AGC 的运行频率为 0.05 MHz，内存为 64 kB；而一部廉价的现代智能手机比它快大约 20 000 倍，内存大 50 000 倍！

超级大和超级小的数字

这一进步是由制造商设法让晶体管变得更小所驱动的。Colossus 和 ENIAC 中使用的真空管有几厘米宽。相比之下，现代 CPU 中的硅晶体管只有 14 纳米（0.000 000 014 米）宽。20 世纪 70 年代的第一代 CPU 芯片只有几千个晶体管，而现代芯片则有超过十亿个晶体管。

事实上，现代晶体管实在太小，以至于许多科学家认为摩尔定律很快就会失效。14 纳米晶体管的直径还不到 100 个原子，要是变得更小，神奇的量子效应就会开始干扰它们。不过，科学家们正在试验新材料、3D 排列晶体管等任何他们能想到的方式，以努力使摩尔定律保持效力。谁知道他们能坚持多久呢？

控制手机和平板的代码

第一部 iPhone 的问世创造了一种新的编程方式：APP 开发。了解智能手机和平板电脑应用程序是开始编程的一种好的方式，因为在创建和分发时会得到很多支持，你还可以制作有趣的应用程序和游戏，并与朋友分享。

开发自己的应用

要开发手机或平板电脑应用程序，需要一个软件开发工具包（SDK）。安卓（Android）系统和苹果系统（iPhone/iPad 上的 iOS 操作系统）都有自己的 SDK，其他手机如 Windows 操作系统也有。用安卓 SDK 编写的 APP 可以在任何安卓设备上运行，但不能在 iPhone 上运行，反之亦然。

SDK 可以免费下载，还附带开发 APP 所需的一切。SDK 中有用于设备支持的编程语言的 IDE（见第 35 页），还有用于访问设备上的摄像头或扬声器的 API（见第 87 页）、GUI 框架（见第 48 页），甚至还有让你能够在模拟手机或平板电脑上试用 APP 的模拟器。

如果你对自己的 APP 感到满意，就可以在真正的设备上运行它！ SDK 提供各种各样的方法，让你能够把应用上传到自己的个人手机，看看它真实的工作方式，并与朋友和家人共享。最后一步就是把它上传到应用商店，你甚至可以收取费用。不过，让一个应用程序进入应用程序商店，需要克服很多困难！

选择语言

每个 SDK 都有自己的 API 和编程语言：安卓使用 Java，iOS 使用 Swift 或 Objective-C。学习使用 SDK 可能会因为新的语言和 API 而有点令人生畏。不过 SDK 中也有教程，将指导你完成任何想要实现的功能。

除了用 SDK 开发应用程序（称为本地应用程序，因为它们使用设备的本地语言和 API），还可以选择开发 web 应用程序，也就是用 Javascript、CSS 和 HTML5 来写应用程序。这种方法能够实现的最简单的功能，是创建与智能手机和平板电脑兼容的网页。当然，也有 SDK 允许你使用这些 web 技术创建应用程序，而不是用设备的本地语言。

更多编程知识

希望这本书能让你跃跃欲试，准备好开始编程了。你可以从下面这些地方入手，它们都很棒！老师、朋友和家人也能为你提供更多信息。

入门

- **Scratch** 你已经在第 38 页和第 68 页探索过 Scratch 官网。点击页面上方的“Explore”，看看人们用它实现的所有惊人的功能——你能做出这样的程序吗？
- **编程教程** 有数百个网站可以帮助你学习使用各种编程语言，codecademy 便是其中最好的之一。你也可以访问另一个很棒的网站——freecodecamp 的官网，它专注于开源开发。
- **搜索** 听起来可能很奇怪，但搜索引擎是你学习代码时最好的朋友。如果遇到一个你搞不懂的错误消息，把它复制到搜索引擎中，就会发现有大量的网页在解释它的含义。

编程工具

- **智能编辑器** 如果你用的是 Windows 系统，试试从 notepad++ 官网获取一个既漂亮又简单的智能文本编辑器。如果你是苹果 Mac 用户，试试 macromates 官网。
- **调试类工具** 如果你想什么都不装就可以直接开始编程，pythonfiddle 的官网能让你在浏览器中测试小型 Python 程序，而 jsfiddle 的官网能让你在浏览器中测试小型 Javascript 程序，让你可以轻松地把它与 HTML 和 CSS 结合起来。
- **苹果和安卓软件开发工具包（SDK）** 如果你想开发手机应用，可以从苹果官网中下载苹果操作系统的 SDK 来开发 iPhone/iPad 应用程序，登录 Android 开发者官网可以下载安卓的 SDK。
- **web 应用** 如果你想用 Javascript 写手机应用程序，去 ionic framework 下载 SDK，这样你就能用网页代码写应用程序。
- **版本控制** 有很多版本控制系统，不过 GitHub 是目前最受欢迎的。它不仅能存储你的代码，也保存了大多数开源程序。

创建游戏

- **网页游戏** 如果你想开始创建游戏，请访问 scirra 的官网，使用引擎中内置的简单编程语言在 HTML5 中开发游戏。如果你想要更多的控制权，试试 phaser 的官网，让你能用 Javascript 直接控制自己的网页游戏。
- **Unity 平台** 如果你想创建 3D 游戏，请访问 unity3d 的官网。Unity 是一个强大的引擎，用于开发许多商业游戏。学起来可能有点难，但用它几乎能为任何平台开发令人惊叹的 2D 和 3D 游戏！

上手实体设备

- **BBC micro:bit** 上手实体设备编程，最简单的方法之一就是使用 BBC micro:bit。你的学校也许能为你提供一个开发板，microbit 官网也能让你用一系列语言简单地编写程序。网站上甚至有一个模拟器，可以用来测试你的程序！
- **其他开发板** 比它复杂一点的是 Arduino。它主要是用 C 语言编程的，不过你能找到很多帮助。它还拥有一系列出色的附加设备进行功能扩展。如果你想要更强大的开发板，试试树莓派的官网。它是一台小型电脑，你可以用来实现任何功能！
- **乐高机器人** 如果你是个乐高迷，可以试试乐高机器人的官网。你可以用简单的拖放语言编程，把你的乐高作品变成机器人。

A–Z 编程词汇表

Argument **参数** 传递给函数的变量，改变参数就会改变函数的运行。

Array **数组** 可以存储大量单个值的对象，其中任何值都可以通过方括号（如 arr[5]）访问。

Binary **二进制** 一种只使用 1 和 0 的计数方式。

Bit **比特（位）** 单个的 1 或 0，代表数据在计算机内存中的实际存储方式。

Boolean **布尔值** 逻辑运算中使用的值，可以是 True 或 False。

Bug **问题** 导致程序无法运行或在运行时出错的错误。

Byte **字节** 一组可以一起被访问的 8 个比特的集合，用来存储单个字符。

Callback **回调** 一个函数，它的名称作为参数传递，以便其他代码回调它。常用于 GUI 编程中。

Class **类** 用于存储与特定任务或事物相关的所有变量和函数的对象。

Comment **注释** 可以添加到程序中的文本，用于提醒自己或他人代码的特定部分是在实现什么功能。

Comparison operator **比较运算符** 一系列运算符，如等于、小于和大于，它们允许程序对比两个值并做出逻辑判断。

CPU **中央处理器** 所有计算机中都有的微型芯片，负责执行每个程序中的指令。

Date centre **数据中心** 一个有许多服务器的地方，可以通过互联网提供数据服务。

Else 与 If 相对的选项，定义了如果 If 条件不为 True 时应该做什么。还可以与 If 组合形成一个新的条件句 Else If。

File **文件** 存储在计算机上的照片、视频或文本等信息。

Floating point **浮点数** 一个带小数位的数字，如 1.381、−21.9 或 8.0。

For loop **For 循环** 运行特定次数的循环类型。

Function **函数** 独立的代码块，可以从程序中的其他地方调用。

Graphical User Interface **图形用户界面（GUI）** 让人们能够通过图片和按钮来使用程序，而不是仅仅通过敲键盘来实现。

If 仅在特定条件为 True（真）时，程序的一部分才会运行。

Instruction **指令** 指示计算机做某事的一段代码。

Integer **整数** 一个取整数（无小数位数），可以是正数、负数或 0。

Javascript 一种编程语言，可以嵌入网页中，在用户浏览网页时运行。

Linked list **链表** 在存储大量值时可以替代数组，每个元素链接到列表中的下一个元素。

Logic **逻辑** 让程序能够根据这个程序中的值是 True 还是 False 做出决策。

Loop **循环** 程序的一部分，会反复运行，直到满足特定条件才跳出循环。

Machine code **机器码** CPU 可以理解和遵循的一组指令。编程语言在运行前会转化为机器码。

Memory **内存** 保存程序所需的变量和其他数据的地方。与存储器不同，内存是易失性的，所以当计算机关闭时，就会丢失内存中的变量和其他数据。

Networking **联网** 计算机通过有线方式，或使用电磁波以无线方式相互通信的能力。

Open source **开源** 人们在互联网上共享的程序，你可以下载、使用甚至对它进行更改。

Program **程序** 计算机中自上而下的一组指令的列表，逐条执行。

Programming language **编程语言** 通过代码告诉计算机做事情的标准化符号系统。不同的编程语言用不同的方式编写代码。

Python 一种强大的、易于学习的编程语言，有自己的语法和运行方式。

Queue **队列** 存储数据的一种方式，其中的元素只能按放入队列的顺序从队列中读取。

Refactoring **重构** 重写代码，不是为了改变它的功能，而是为了使它更整洁或更快。

Return **返回** 函数结束时返回给调用代码的值。

Scratch 一种图形化的编程语言，能够拖放代码元素，无需编写程序。

Server **服务器** 一台没有显示器或其他控制设备的计算机，通过网络向其他计算机提供数据服务。

Stack **堆栈** 存储数据的一种方式，只能读取最近添加到堆栈中的元素。

Static typing **静态类型** 只允许变量始终只包含一种类型的值（如布尔值或整数）的编程语言类型，使某些错误很容易发现。

Storage **存储器** 存放文件和数据的地方。存储器比内存访问速度慢，但即使计算机关机，存储器中的数据仍然会被保留。

String **字符串** 引号中的单词或短语（如“Hello, world!”）。

Transistor **晶体管** 一个非常小的开关。一个 CPU 包含数十亿个晶体管，通过打开和关闭这些晶体管来执行计算机内部的所有操作。

Type **类型** 变量存储的数据类型，如字符串、整数或布尔值。

Variable **变量** 一个命名的数据存储空间，用于存储数字、单词等，随后可以在程序中使用。

While loop **While 循环** 在特定条件为 True 时继续运行的循环类型。

译名对照表

Ada Lovelace 阿达·洛芙莱斯

Alan Turing 艾伦·图灵

Alpha 内测版

Analytical Engine 分析机

API 应用程序编程接口

Apollo 11 阿波罗 11 号

APP 智能手机应用程序

ARPANET 阿帕网

Artificial Intelligence/AI 人工智能

Beta 公测版

Bletchley Park 布莱切利公园

Buckinghamshire 白金汉郡

Canvas 画布

Charles Babbage 查尔斯·巴贝奇

Cloud Computing 云计算

Colossus 巨人

Colossus Mark Ⅱ 巨人马克二号

Colossus Mark Ⅰ 巨人马克一号

Command Line Interface/CLI 命令行界面

CSS 层叠样式表

Debugger 调试器

Deep Blue 深蓝

Dev Board 开发板

Difference Engine 差分机

Document Object Model/DOM 文档对象模型

ENICA 埃尼阿克

Enigma 恩尼格码

Exception 异常处理

Explore 发现

FIFO 先进先出

Flops 浮点运算

Garry Kasparov 加里·卡斯帕罗夫

Gordon Moore 戈登·摩尔

Goto 无条件跳转

HTML 超文本标记语言

IDE 集成开发环境

Intel 英特尔

Internet of Things 物联网

IP 互联网协议
Iterator 迭代器
Lego Mindstorms 乐高机器人
LIFO 后进先出
Light Sensor 光传感器
Linus Torvalds 林纳斯·托瓦兹
List 列表
Lord Byron 拜伦
Lorenz 洛伦兹
Magnetic Tape 磁带
Max Newman 马克思·纽曼
Micro:bit 袖珍电脑开发板
Minecraft 我的世界
Moore's Law 摩尔定律
Move 移动
Play 启动
Pong 投币式街机游戏乒乓
Punched Cards 打孔卡
Raspberry Pi 树莓派开发板
SDK 软件开发工具包

Sherlock Holmes 夏洛克·福尔摩斯
Socket 套接字
Steve Jobs 史蒂夫·乔布斯
Switch 交换机
TCP 传输控制协议
Test Harness 测试模块
The Apollo Guidance Computer(AGC) 阿波罗制导计算机
Thread 线程
Tim Berners-Lee 蒂姆·伯纳斯·李
Tommy Flowers 汤米·弗劳尔斯
Turing Test 图灵测试
UI 用户界面
Undo 撤销
UNIVAC I 通用自动计算机
Wait 等待
World Wide Web(WWW) 万维网

大多数优秀程序员编程并非为了名或利，仅仅因为纯粹的乐趣。
——林纳斯·托瓦兹（Linux 之父）

图书在版编目（CIP）数据

你好，编程 / (英) 罗博 · 汉森 (Rob Hansen) 著；赵丽霞译. -- 重庆：重庆大学出版社，2025. 3.
ISBN 978-7-5689-4718-3
Ⅰ. TP311.1-49
中国国家版本馆CIP数据核字第2024C0E655号

COOL CODING

你好，编程

NIHAO, BIANCHENG

[英] 罗博 · 汉森 | 著　　赵丽霞 | 译

策划编辑：王思楠
责任编辑：董　康　　责任印制：张　策
责任校对：刘志刚　　装帧设计：马天玲

重庆大学出版社出版发行
出 版 人：陈晓阳
社　　址：（401331）重庆市沙坪坝区大学城西路21号
网　　址：http://www.cqup.com.cn
印　　刷：重庆升光电力印务有限公司
开　　本：787mm×1092mm 1/16　印张：7.25　字数：114千
2025年3月第1版　2025年3月第1次印刷
ISBN 978-7-5689-4718-3　定价：48.00元

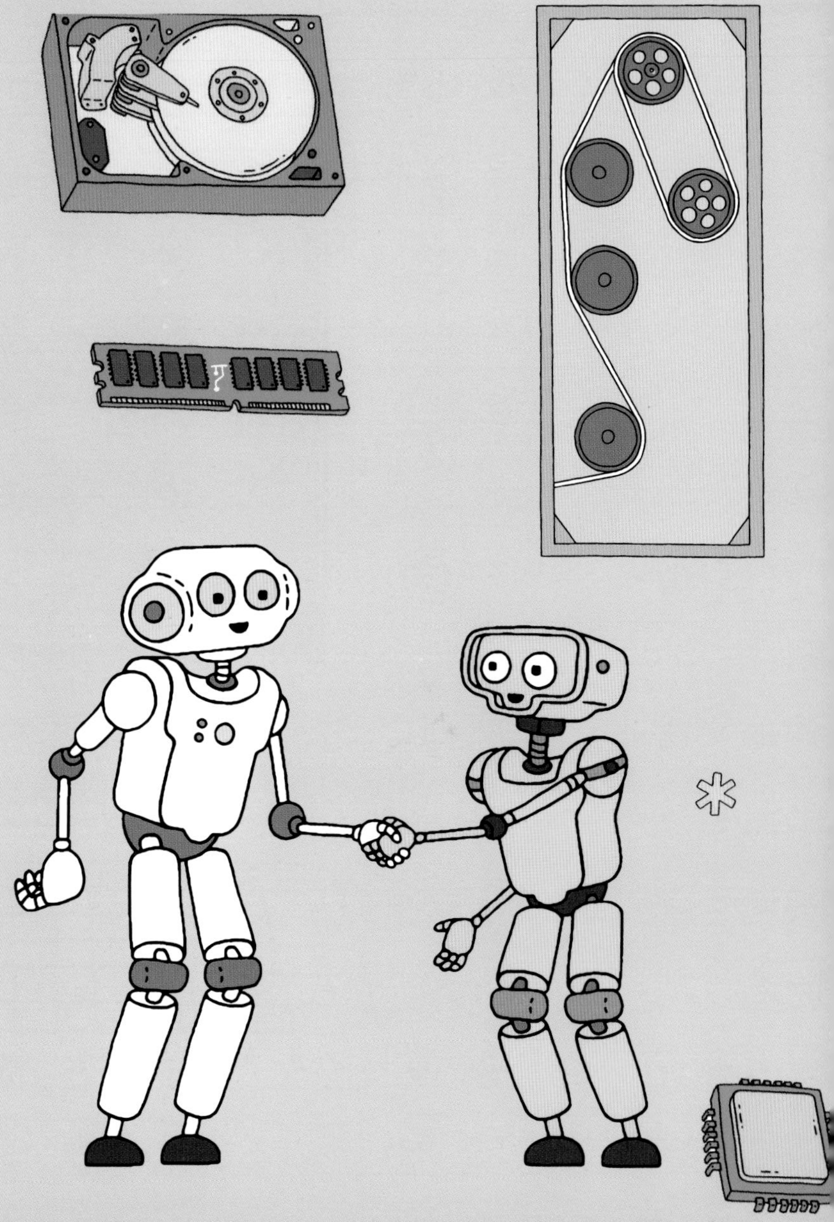